DIANLI XITONG
SHIYAN ZHIDAO JI
GONGCHENG NENGLI PEIYANG

电力系统
实验指导及
工程能力培养

曹 靖 翟维枫 周京华 / 编著

天津出版传媒集团
天津教育出版社
TIANJIN EDUCATION PRESS

图书在版编目（ＣＩＰ）数据

电力系统实验指导及工程能力培养 / 曹靖, 翟维枫, 周京华编著. –– 天津 : 天津教育出版社, 2022.4

ISBN 978-7-5309-8817-6

Ⅰ.①电… Ⅱ.①曹… ②翟… ③周… Ⅲ.①电力系统—实验 Ⅳ.①TM7-33

中国版本图书馆 CIP 数据核字(2022)第 046332 号

电力系统实验指导及工程能力培养

出 版 人	黄　沛
作　　者	曹　靖　翟维枫　周京华　编著
选题策划	王艳超
责任编辑	陈静静
封面设计	郭亚非
版式设计	张丽丽
出版发行	天津出版传媒集团 天津教育出版社 天津市和平区西康路 35 号　邮政编码　300051 http://www.tjeph.com.cn
印　　刷	天津新华印务有限公司
版　　次	2022 年 4 月第 1 版
印　　次	2022 年 4 月第 1 次印刷
规　　格	16 开(787 毫米×1092 毫米)
字　　数	200 千字
印　　张	11
定　　价	68.00 元

前　言

　　2021 年 3 月,十三届全国人大四次会议通过了《中华人民共和国国民经济和社会发展第十四个五年规划和 2035 年远景目标纲要》的决议,纲要中提出"建设高质量教育体系"的重要目标要求,也为高校落实教育体制改革指明了方向。电气工程专业是当今高新技术领域不可或缺的关键学科,电力行业是电气工程专业发展的重要分支之一,因此,提高相关领域的素质教育水平,培养学生创新思维、应用能力等综合素质具有至关重要的作用。本书以实验教学项目为主体,力求将工程实践与理论教学有机结合,促进学生对理论知识的进一步理解,为解决实际工程实践问题奠定基础。

　　本书共分为八章,详细介绍了电力系统相关教学实验项目平台以及各实验的操作方法,并将学习过程的目标导向及基于工程认证教育理念的工程能力培养模式贯穿其中。书中首先对电力系统实验指导的意义和实验课程所使用的平台进行了详细阐述,然后分章节对各个实验项目进行介绍:发电机组的运行实验项目、同步发电机准同期并列运行实验项目、电力系统分析实验项目和电力系统继电保护实验项目,最后,本书利用两个章节对具有综合性的设计实验项目进行了详细地剖析,以求对理论学习和实际工作具有指导意义。

　　本书的编写融入了多年实践教学的经验,得到了许多同事、朋友的支持,受到了北方工业大学的资助,在此表示深深的敬意和感谢! 书中参阅了大量的文献,虽然已尽量予以标注,但难免存在疏漏,在这里向各文献作者表示感谢!

　　本书涉及内容较多,由于时间紧促,加之水平有限,书中难免有不当之处,欢迎广大读者批评指正。

编者

2022 年 1 月

目 录
CONTENTS

第1章　电力系统实验指导的意义

1.1　电力系统实验课程的特点及目标

电力行业在我国经济发展中具有举足轻重的地位和不可替代的作用。随着高新科技的不断应用,我国电网逐渐向绿色发电、大机组、超高压、智能电网等方向发展,电力行业对于工程科技人才的需求也不断增长。

电力系统是由发电、变电、输电、配电和用电等环节组成的电能生产与消费系统,电力系统主电路中的电气设备多为大容量、大体积设备,如发电机、变压器、输电线路及用电负荷等,任何一个设备元件发生变化都会引起其他设备元件甚至整个网络的变化。总体而言,电力系统具有设备庞大、结构复杂、运行方式多变、网络节点关联性强等特点,其设计、试验较其他电气系统具有一定的难度,尤其在故障模拟方面,实际系统的实验条件往往受到很多局限。与此同时,电力系统功能的不断完善使其在经济性、安全性、电能质量方面的要求不断提升,这些都给从事电力行业的人才能力提出了更多的挑战。能否真实地反映电力系统的实际特性并系统地培养相关工程的能力,是此类工科实践教学的重要问题之一。

电力系统专业是电气工程热门的二级学科之一,主要学习发电厂、电力系统及其自动化方面的设计和运行基本理论、基本知识和基本技能,直接相关的理论核心课程包括发电厂电气部分、电力系统(暂态、稳态)分析、电力系统继电保护、高电压技术等。这些课程都是理论与实践紧密结合的课程,而实践环节是重中之重。一方面,实践环节有助于学生理解电力系统中抽象的物理概念和基本原理;另一方面,综合性的实践环节有助于提高学生的工程能力,是培养学生创新思维的重要措施。因此,电力系统实验课程应该具有系统性、综合性、创新性、与时俱进的特点[1],通过学习本课程及开展相关实践活动,可以培养具有综合素质能力的工程技术人才。

1.2　工程教育的重要性及能力培养模式

1.2.1　工程教育的重要性

现代社会,工程无处不在,工程科技的创造推动着人类文明的发展,工程科技人才的培养需要工程教育。我国的工程教育在借鉴国际工程教育发展的基础上,逐渐形成了自己的特色,体系结构也不断完备,多年来培养的优秀人才为我国现代化建设起到了重要的推动作用。

步入全球化进程以来,现代工程不再是单一的科学技术,而是一个多学科、多维度、多技术综合的复杂系统。随着产业的竞争不断升级,科技成果转化不断加速,加之新兴学科、交叉学科的涌现,当代工程师需要掌握的知识、能力以及思维的广度和深度都在发生巨大的变化,工程教育在应对这些新的工业化进程中发挥了不可替代的作用[2]。通过工程教育的不断培养,具备综合思维能力、解决工程问题能力的应用型工程师不断涌现,适应了市场的需求,提高了科技竞争力。

1.2.2　能力培养模式

能力培养模式是指在一定的教育理论和思想的引领下,按照特定目标和规则,制订相应的教学体系、管理制度及评价体系,实施人才培养的过程总和。为提高工程教育质量,国家采取了很多举措。其中,工程教育专业认证是采取的有效措施之一。

工程教育专业认证构建了我国工程学位与国际工程师互认体系,推进了工程师国际化培养的进程。在工程教育专业认证理念中,学生的学习产出是最重要的关注点,学习的过程以"定义预期学习产出—实现预期学习产出—评估学习产出"为主线,其核心思想包括"以学生为中心""产出导向"和"持续改进",核心目标是培养解决复杂工程问题的能力。依据中国工程教育专业认证协会 2017 年 11 月修订的《工程教育认证标准》中的12 项毕业要求,"工程知识""问题分析""设计/开发解决方案""研究""使用现代工具""工程与社会""环境和可持续发展""沟通"等项均涉及与"复杂工程问题"相关的能力和知识要求,作为知识能力的重要转化环节,实践教学更应该遵从各项毕业要求,针对学习产出设计学习过程[3-5]。如何利用工程认证的思想,将具体能力融合在每一步的实践教学中,是每一个从事基层教学教师普遍关注的问题。本书将以电力系统相关实验作为媒介,以工程认证为基本教学理念,阐述以培养学生工程能力为基本目标的实验体系,希望在相关工程能力培养模式中有所借鉴。

一般来讲,实践活动层次设置是多维度的。①从实验性质区分,可分成基础实验、综合实验、创新实验等[6]。基础实验开设在理论课程中,又为课内实验,主要培养学生基础工程能力,掌握本专业的基本技能,实验类型以验证型为主,以设计型为辅;综合实验多以设计型为主,综合多个专业知识点或技能,培养学生系统化思维与综合实践能力;创新实验属于提高型实验,强调专业设计综合能力,培养学生解决工程中不确定性问题的能力。②从实验的可评价体系区分,包括知识储备、工程技能、问题分析、工程素养等[7-8]。③从实验的实施过程区分,又可分为课前设计、实践操作、报告撰写、汇报质疑等环节[9-10]。课前设计是通过一系列问题的提出引导学生去寻找途径、找到方法,减少实验的盲目性;实践操作是完成实验结果的必备手段,也是区别于理论课程最显著的教学方式,涉及工程技能、工程素养等多方面能力的培养;报告撰写是在完成实验后的思考,其规范性更能训练学生的工程素养;汇报质疑是对实验效果的进一步考察,考验学生的临场发挥、知识储备和知识转化的能力。

对照《工程教育认证标准》中的毕业要求,将评价内容在每个实施环节进行设计,可以准确地把握实践目标的实施进度,不断反馈教学效果,实现以学生为本、持续改进的教学理念。表 1-1 列出了实践教学过程的评价内容[11-16]。

表 1-1 实践教学过程的评价内容

实验类型	评价内容	实践过程	评价维度
基础实验	专业概念的理解和掌握	课前设计	知识储备
	仿真软件工具和实验平台的使用、操作规范性	实践操作	工程技能
	查阅国家标准、分析正确性、报告规范度	实验报告	工程问题分析
综合实验	实验方案设计的合理性	课前设计	知识储备
	仿真软件工具使用、操作的规范性	实践操作	工程技能
	报告规范程度、分析能力	实验报告	工程问题分析
	项目展示能力、表达能力	质疑验收	工程素养
创新实验	实验方案设计的合理性、创新性	课前设计	知识储备
	书面写作能力、查阅资料	实践操作	工程技能
	报告规范程度、分析能力	实验报告	工程问题分析
	项目展示能力、表达能力	质疑验收	工程素养
	个人进步程度评价、沟通能力、学生参与程度、独立性	自评与互评	工程素养

第2章　实验课程平台及基本要求

2.1　电力系统实验平台及仿真软件的简介

2.1.1　概述

实际系统的实验对于学生获取真实的实验结果具有很大优势,但对于电力系统来说,由于电气设备庞大、网络结构复杂等因素,受经济性、安全性等方面的局限,很多高校在本科教育阶段很难实现实际系统的实验。实验室通常采用物理模拟或数字仿真的形式进行电力系统的模型实验。

物理模拟是在根据相似原理建立起来的电力系统物理模型上进行仿真研究的方法。模拟设备与真实设备在原理上具有相同的性质,在体积、电压等级等方面进行了一定比例的缩小,实验直观性好、真实度高,但在操作安全性、参数在线修正等方面有所欠缺。数字仿真是建立在数学方程式基础上的一种对实际系统进行仿真研究的方法。数字仿真的电气设备与真实设备在参数上具有一致性,并能实现在线参数的修改,可以进行大量重复的故障性实验,操作安全性和灵活度更高,但在直观性和工程认可度上还需要物理模拟实验的配合。因此,物理模拟和数字仿真各有利弊,在使用的过程中可以互相融合,进而给学生提供一个全面真实的工程环境[17-18]。

本书介绍的实验体系采用三种实验平台完成,如图 2-1 所示。其中,EAL-II 型电力系统综合自动化实验平台用于实现电力系统一次设备的物理模拟,YZJCS-II 型电力系统继电保护综合实验系统用于实现二次设备中继电保护方面的物理模拟,电力电气分析、电能管理的综合分析软件系统(Electrical Transient Analysis Program,简称 ETAP,后文统称 ETAP)仿真软件可以实现全面的数字仿真模拟。在本书的安排中,有关发电机组的启动与运行,发电机组并网运行以及电力系统分析方面的实验项目采用 EAL-II 型电力系统综合自动化实验平台来实现;有关电力系统继电保护方面的实验项目采用 YZJCS-II 型电力系统继电保护综合实验系统来实现;综合类的实验项目和课程设计采用 ETAP 仿真软件来实现。

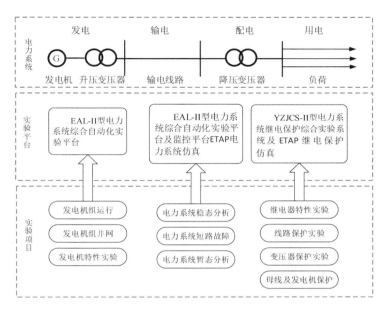

图 2-1　实验平台与实验项目的对应关系

2.1.2　EAL-II 型电力系统综合自动化实验平台

EAL-II 型电力系统综合自动化实验平台是一套多功能的综合型实验装置,展示了现代电能发出和输送全过程的工作原理。实验装置由 EAL-II 型电力系统综合自动化实验台(简称实验台)、EAL-II 型电力系统综合自动化控制柜(简称控制柜)和发电机组等组成,实验台的整体布局如图 2-2 所示,下面分别介绍装置的各部分功能。

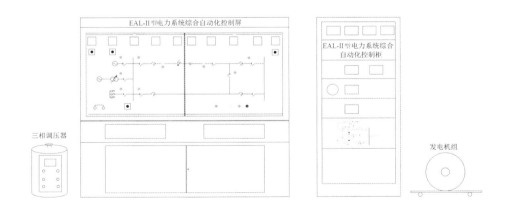

图 2-2　实验台整体布局

1. 实验台操作界面

实验台操作界面包括输电线路操作单元和仪表监测单元两个部分。

（1）输电线路操作单元。

采用双回路输电线路,每回输电线路分两段,并设置有中间开关站,可以构成四种不同的联络阻抗,还可以通过连接多个实验台进行组网运行。输电线路的具体结构如图2-3所示。

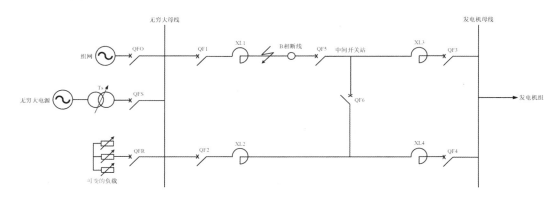

图 2-3　单机-无穷大系统电力网络结构图

输电线路为简单的双回路控制线路,其中设置了中间开关站,断路器 QFO、QFS、QFR 分别为组网的开关、无穷大电源开关以及可变负载的开关,分别对应不同的发电来源。

四条线路 XL1、XL2、XL3、XL4,可以切换成不同的线路。线路 XL1 和 XL3 之间可预设故障点。操作线路上的断路器 QF1 ~ QF6 的"合闸"或"分闸"按钮,可投入或切除线路。按下"合闸"按钮,红色按钮指示灯亮,表示线路接通;按下"分闸"按钮,绿色按钮指示灯亮,表示线路断开(操作绿色按钮表示启动,操作红色按钮表示断开)。

在线路 XL1 和 XL3 之间装有微机线路保护装置,可实现过流保护,通过控制 QF1 和 QF5 可实现自动重合闸功能。QF1 和 QF5 上的两组指示灯或亮或灭,分别代表 QF1 和 QF5 的 A 相、B 相和 C 相的三个单相开关或合或分状态。实验台面板右下方有短路类型设置按钮,可以设置"单相对地短路""两相对地短路""相间短路"和"三相短路故障"。

中间开关站是为了提高暂态稳定性而设计的。不设中间开关站时,如果双回路中有一回路发生严重故障,则整条线路将被切除,线路的总阻抗将增大一倍,这对暂态稳定是很不利的。设置了中间开关站,即通过开关 QF6 的投入,在距离发电机侧线路全长的 1/3 处,将双回路并联起来,XL1 上发生短路,保护了 QF1 和 QF5,线路总阻抗也只增大 2/3,

与无中间开关站相比,这将提高暂态稳定性。

可变的负载的设置通过负载切换开关来实现,负载分为 LD1、LD2、LD3 三个等级,QFR 是控制总负载的开关。

（2）仪表监测单元。

实验台操作面板除了输电线路的操作单元,还有各个监测仪表的观察单元。仪表监测电源均采用模拟式仪表,测量信号为交流信号,包括 3 只交流电压表、3 只交流电流表、1 只频率表、1 只三相有功功率表、1 只三相无功功率表和 1 只功率因数表。仪表测量的参数有:发电机定子的电压、电流和频率;输电线路发电机侧和无穷大系统侧的有功功率、无功功率和功率因数;开关站电压;无穷大系统侧的电压和频率等。各测量仪表的量程和精度等级见表 2-1。

表 2-1　实验测量仪表的量程和精度

序号	仪表名称	量程
1	发电机电压表	0～450 V
2	发电机频率表	45～55 Hz
3	开关站电压表	0～450 V
4	A 相电流表	0～10 A
5	B 相电流表	0～10 A
6	C 相电流表	0～10 A
7	有功功率表	0～3 kW
8	无功功率表	-1～3 kvar
9	功率因数表	超前 0.5～滞后 0.5
10	系统电压表	0～450 V

2. 实验台外围接口和电源

外设接口分布在实验台的右侧和背面,右侧为电源插头,背面有 3 个航空插头:1 个 4 芯航空插头为组网连接插头,2 个 26 孔芯航空插头分别为微机保护连接插头和控制柜连接插头。

实验台的电源在实验台左侧位置,为带漏电保护器的三相电源（额定电流为 32 A）。

3. 控制柜的单元组成

综合自动化控制柜是整个实验装置的显示和控制单元,包括仪表测量单元、原动机控制单元、发电机励磁单元、准同期并网单元及外围设置。

（1）测量仪表单元。

采用指针式测量仪表，包括 1 只直流电压表、2 只直流电流表和 1 只交流电压表。用于测量电源电压、原动机电枢电流、发电机励磁电压和发电机励磁电流。各测量仪表的量程见表 2-2。

表 2-2　测量仪表的量程

序号	仪表名称	量程
1	电源电压表	0 ~ 450 V
2	原动机电枢电流表	0 ~ 25 A
3	发电机励磁电压表	0 ~ 300 V
4	发电机励磁电流表	0 ~ 10 A

（2）原动机控制单元。

微机调速系统（型号 QSTSXT-II），用于提供原动机电枢电压。并网前，测量并调节原动机转速；并网后，调节原动机的有功功率输出。具有三相电源相序判断、电源欠压、电源过压、电源过流、电枢过压、电枢过流、过速和失磁 8 种保护措施。

（3）发电机励磁单元。

微机励磁系统（型号 QSLCXT-II），用于提供发电机励磁电压。采用 PI 调节，发电机端电压 U_g 为恒定值，精度为 0.5% U_{gN}（U_{gN} 为发电机额定电压）。能够测量三相电压、电流、有功功率、无功功率、励磁电压和励磁电流等电量参数；具有恒 α 角、恒励磁电流 I_e、恒发电机电压 U_g 三种调节功能；具有过励限制、欠励限制、伏赫限制、调差和强励功能；具有在线修改控制参数的功能。

（4）准同期单元。

微机准同期系统（型号 QSZTQ-II），该装置能实时显示发电机电压、系统电压、压差、频差、并网后实测的导前时间和功角。该装置具有在线整定和修改频差、压差允许值和导前时间等参数的功能；配有波形观测孔，可观察三角波的位置、发电机电压波形、系统电压波形和矩形波波形；配有控制并网合闸接触器。

（5）外围设备接口单元。

外设接口分布在控制柜背部的下面，共有 2 个接口，26 孔芯航空插头为微机保护连接插头，26 针芯航空插头为控制柜连接插头，机组的连接线直接从接线柱上接出去。

4. 发电机组

实验装置配有发电机组，由直流电动机和同步发电机经联轴器软连接后，固定在底盘上,机组的底盘装有 4 个轮子和 4 个螺旋式的支撑脚,构成可移动式机组,同时,发电机组还装有光电编码器,电机参数可以查看名牌商标。

2.1.3　YZJCS-Ⅱ型电力系统继电保护综合实验系统

"YZJCS-Ⅱ型电力系统继电保护综合实验系统"是结合最新的继电保护及变电站自动化技术而研发的实验培训系统,可以满足"电力系统继电保护""电力系统微机保护""变电站综合自动化技术"等相关课程实验教学的需求,也可作为学生课程设计、毕业设计和创新研究的开放性平台,还可作为电力系统专业技术人员的上岗培训平台。

1. 系统特点

(1)一机多用:一套实验系统可供多门电气工程课程使用,并可作为专业课程设计、毕业设计及创新研究平台。

(2)接近电力系统实际:采用数字化实验设备,提供高精度实验信号,完全替代传统实验系统调压器、移相器、滑线电阻和测量仪表等构成的"地摊"式实验设备,与电力系统进行继电保护的实验方法完全相同。

(3)实验现象直观:可根据需要配备计算机,可直观显示实验过程中的各种测试数据、动作特性曲线、波形图等。

(4)组态灵活:利用多套实验系统可组态任意结构的电力系统网络,进而进行专业综合实验,并方便作为课程设计平台。

(5)接口开放:实验系统中的核心设备接口开放,可作为学生创新研究和开发平台。

2. 系统构成

YZJCS-Ⅱ型电力系统继电保护综合实验系统由 YZ3000 微机型继电保护测试仪、YZ2000 多功能微机保护装置、常规保护继电器、整组保护接线系统、实验台电源装置等部分构成。实验台面板示意图如图 2-4 所示。

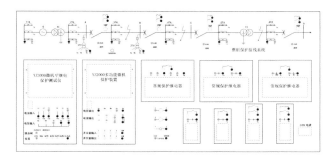

图 2-4　实验台面板示意图

（1）YZ3000 微机型继电保护测试仪。

YZ3000 微机型继电保护测试仪由 YZ3000 高速数字物理接口箱和 YZ3100 功率放大装置组成，用于产生继电保护实验信号，符合电力系统现场的典型实验方式。测试仪产生的实验信号可用于测试各种继电器特性和继电保护装置，也可为整组继电保护实验提供与实际电压互感器、电流互感器二次输出相同的电压、电流信号。实验培训系统配套提供功能强大的综合控制系统软件，不但可进行实时潮流分析计算，而且可进行任意设定点的故障分析运算，并能控制测试仪实时输出设定选配点在正常运行和故障情况下的二次电流、电压信号。

该测试仪采用互动仿真单元与功率放大单元分立的结构，每个单元可独立使用。互动仿真单元采用分辨率为 800×480 的彩色触摸屏，多层菜单，显示信息丰富，触摸操作方便，人机界面友好，可实时显示各种运行状态及数据，信息详细直观。实验操作在触摸屏和计算机上均可进行。具有 8 路开入信号、8 路开出信号、10 路模拟量输出。功率放大单元线性度好，响应快，适用各种容性、感性、阻性负载；带负载能力强，传输距离长；能输出准确的负荷电流，小信号输出精度高。采用特殊的元器件和电路结构，保证电流、电压放大器在连续工作较长时间温度升高的情况下，仍有很好的特性（低失调、低漂移）。测试仪的主要性能参数如下：

①装置具有隔离的 RS485 通信总线接口和网线接口，可设置波特率范围为 4 800 ~ 19 200 Bd/s，并向用户提供开放的通信协议。

②统一、通用硬件平台，维护方便。标准4U 全铝机箱结构。

③采用工业级进口器件，模块化结构设计。

④采用独特的可靠性设计，无可调元件，装置稳定性好，抗干扰性强。

⑤采用完善的电源管理、硬件看门狗及软件陷阱技术，大大提高了装置的可靠性。

⑥强型单元机箱按抗强振动、强干扰设计，特别适应于恶劣环境，可分散安装于开关柜上，也可集中组屏安装运行。

⑦集成电路全部采用工业级产品，使得装置有很高的稳定性和可靠性。

⑧采用 32 位高速数字处理芯片，配置大容量的随机存取器和闪速存储器，数据运算、逻辑处理和信息存储能力强，可靠性高，运行速度快。

⑨采用 16 位高精度数模转换芯片，保证了很高的精度。

⑩强大的联网功能。

⑪RS485 和以太网通信接口。

⑫自带触摸屏操作界面、计算机远程实时控制。

在本实验台中,测试仪为各种常规继电器及多功能微机保护装置提供进行相关实验的信号。为方便实验接线,测试仪的所有接线插孔已连接到实验台上。

(2)YZ2000 多功能微机保护装置及其接线区。

YZ2000 多功能微机保护装置既可用于各种继电保护实验,也可在电力系统实验中作为线路保护装置使用。

微机保护装置具有数字式电流、数字式电压、数字式功率方向、数字式差动、数字式阻抗、数字式反时限电流等多种数字式继电器,10 kV ~ 35 kV 馈线整组微机保护测控装置,110 kV 线路整组微机保护测控装置,变压器主保护装置,变压器后备保护测控装置,电容器微机保护测控装置,电动机微机保护测控装置,发电机差动保护装置,发电机后边保护装置等多种微机保护测控功能,可通过菜单选择不同的功能模块灵活实现。

为了方便实验接线,在实验台内部已经将多功能微机保护装置的电压、电流输入端子,保护跳闸和合闸信号以及断路器跳、合位开入状态信号引到实验台面板上。由于线路保护、变压器主保护和后备保护的接线不同,因此面板上设置有不同的保护接线端子区。

YZ2000 多功能微机保护装置具有 6 组电流输入通道,4 组电压输入通道,可采集 8 个开关量状态,可产生 7 组开关量输出,并具有 RS485 通信接口,并可根据需求增加网络接口。

(3)常规保护继电器及其接线区。

实验台提供了 DL-31 型电流继电器、DY-32 型电压继电器、LG-11 型功率方向继电器、LZ-21 型阻抗继电器、LCD-4 型变压器差动继电器、DS-32 时间继电器、DZY-204 中间继电器等多个常规保护继电器。

为了方便实验接线,每个继电器的模拟量输入端子(电流或电压)、动作触点(常开或常闭)已引到实验台面板上。各继电器可单独使用,也可根据需要通过接线配合使用多个继电器,如构成整组常规保护。

(4)整组保护接线系统。

为直观反映保护在电力系统实际的接线和运行情况,在实验台面板上给出了一个典型的一次系统接线图,用来完成整组保护实验。

整组保护接线系统包含一次系统模型图,断路器跳闸、合闸信号插孔,断路器辅助触点信号插孔,保护安装处的电流互感器、电压互感器二次侧信号插孔及短路按钮等。常规继电器和 YZ2000 多功能微机保护装置可直接从整组保护接线系统上获取信号进行整组保护实验。

（5）实验台电源装置。

实验台提供了 24 V 直流电源，并在实验台面上引出插孔。为了方便指示信号，实验台中安装有红、绿两个指示灯及一个蜂鸣器，需要时可连接到实验线路中。连线时应注意极性。实验台右下方的空气开关为实验台总电源，直接连接 220 V 交流电源即可。

2.1.4 ETAP 仿真软件简介

电力电气分析、电能管理的综合分析软件 ETAP 由美国运营技术公司开发发行。目前 ETAP 是国际上功能最全面的综合型电力系统分析计算软件，可用于发电、输配电和工业电力电气系统的规划等仿真，为用户提供全面的分析平台和解决方案。ETAP 在电力系统分析中，具有很多优势。

ETAP 提供完整的图形和编辑器，可直接在项目里建立单线图，可以直接点击设备选择增加、删除、移动或连接设备，可以设置设备的各类参数、属性及运行状态等。ETAP 中关于光伏阵列的功能非常全面，可进行操作并可调节的参数有性能调节系数、光伏场的建模、交直流系统分析、逆变器动态建模及操作模式等。在编辑模式下，单线图中可以直接实现与实际电气系统相同的操作，如设置断路器的开关，使某一设备停止运行，设置显示设备的参数、额定值等，还可以输出单线图到第三方 CAD 软件。

ETAP 软件的计算模块很多，主要为潮流分析计算模块、谐波分析模块（谐波潮流和频率扫描）、短路计算模块。其中，潮流分析可以计算电力系统的电压降、显示处于临界状态的母线电压等，算法有牛顿—拉夫逊法、快速解耦法、高斯—塞德尔法和优化潮流法，设置分析案例中的相关参数即可得到潮流分析的计算结果，ETAP 与一般的电力系统分析软件相比更快速、准确和智能。

在 ETAP 中设置短路故障母线，编辑分析案例，点击计算即可得到短路电流结果（ANST 和 IEC 标准），可以选择输出故障电流分布等级报告。

ETAP 可以进行谐波潮流分析、谐波共振以及频率扫描分析，用户可以在单线图上设置模拟电压和电流谐波源，定义频率扫描范围，输出谐波潮流报告。ETAP 还可以绘制各个母线或者电缆的谐波频谱图、电压或电流的波形图以及频率扫描图等。

ETAP 使用开放式数据库连接驱动程序，再通过驱动程序连接到任何商业数据库，如将 ETAP 数据库设置为 Oracle、MS Access、SQL 等。用户可以在数据库中设置需要的设备型号,操作简单,使用方便。

ETAP 建立在符合现实理念的统一、开放的数据平台之上,能够对电力系统各专业方向和应用领域进行定性分析和定量计算,具有简单直观的优点。在同一个分析领域,ETAP 为同类元件提供了各种数学模型,用户可以根据需要从各种模型中进行选择,或者在其自定义动态模块中添加数据库中没有的数学模型,这为用户提供了许多便利。

ETAP 不仅具有友好的操作界面、开放的数据库链接、强大完善的计算分析功能,还能进行在线模拟、实时监控和管理控制等操作。它非常适合电力系统的设计、仿真分析和计算,可以显著提高用户的工作效率和质量。

2.2　实验的基本要求及安全规程

2.2.1　实验的基本要求

实验的过程包括实验前期设计、实验操作过程、实验汇报质疑三个方面,整个实验过程中,必须集中精力,及时认真做好实验。下面按实验过程提出具体要求。

1. 实验前期设计

实验前期设计即为实验的预习阶段,是保证实验顺利进行的必要步骤。每次实验前都应做好预习,对实验目的、步骤、结论和注意事项等要做到心中有数,从而提高实验质量和效率。预习应做到:

(1)复习教科书中有关章节的内容,熟悉与本次实验相关的理论知识。

(2)认真学习实验指导书,了解本次实验的目的和内容,掌握实验的工作原理和方法,仔细阅读实验安全操作说明,明确实验过程中应注意的问题。

(3)实验前应写好预习报告,其中应包括详细的实验步骤、数据记录表格等,经教师检查认为确实做好了实验前的准备,方可开始实验。

(4)认真做好实验前的准备工作,对于培养学生独立工作能力,提高实验质量和保护实验设备、人身安全等都具有十分重要的作用。

2. 实验操作过程

在完成理论学习、实验预习等环节后,就可进入实验实施阶段。实验时要做到以下几点:

(1)预习报告完整,熟悉设备。

实验开始前,指导教师要检查学生的预习报告,要求学生了解本次实验的目的、内容和方法,只有满足要求后,才能允许实验。

指导教师要对实验装置做详细的介绍,学生必须熟悉该次实验所用的各种设备,明确这些设备的功能与使用方法。

(2)建立小组,合理分工。

每次实验可以以小组为单位进行。实验进行中,机组的运行控制、记录数据等工作都应有明确的分工,以保证实验操作的协调,数据准确可靠。

(3)试运行。

在正式实验开始之前,先熟悉仪表的操作,然后按规范接通电源,观察所有仪表是否正常。如果出现异常,应立即切断电源,排除故障;如果一切正常,即可正式开始实验。

(4)测取数据。

预习时应对所测数据的范围做到心中有数。正式实验时,根据实验步骤逐次测取数据。

(5)认真负责,实验有始有终。

实验完毕后,应请指导教师检查实验数据、记录的波形。经指导教师认可后,关闭所有电源,并把实验中所用的器材整理好,放至原位。

3. 实验汇报质疑

这是实验的最后阶段,应对实验数据进行整理、绘制波形和图表、分析实验现象并撰写实验报告。每位实验参与者要独立完成一份实验报告,编写实验报告时应持严肃认真、实事求是的科学态度。如实验结果与理论有较大出入时,不得随意修改实验数据和结果,而应用理论知识来分析实验数据和结果,解释实验现象,找出引起较大误差的原因。

实验报告是根据实测数据和在实验中发现的问题,经过自己分析研究或与同学分析讨论后写出的实验总结和心得体会,内容应简明扼要、字迹清楚、图表整洁、结论明确。实验报告应包括以下内容:

(1)实验名称、专业、班级、学号、姓名、同组者姓名、实验日期、室温等。

(2)实验目的、实验线路、实验内容。

(3)实验设备的型号、规格、铭牌数据及实验装置编号。

(4)实验数据的整理、列表、计算,并列出计算所用的计算公式。

(5)画出与实验数据相对应的特性曲线及记录的波形。

（6）用理论知识对实验结果进行分析总结,得出正确的结论。

（7）对实验中出现的现象、遇到的问题进行分析讨论,写出心得体会,并提出自己的建议和改进措施。

（8）实验报告应写在指定的报告纸上,保持整洁。

（9）每人独立完成一份报告,按时送交指导教师批阅。

2.2.2　实验的安全规程

为确保实验时人身安全与设备的安全可靠运行,实验人员要严格遵守如下安全说明：

1. 与控制柜的电源插头配合使用的插座,一经确定后不可随意调整。

该插座容量要求为 16 A,若换用其他较低容量的插座,实验时的冲击电流会导致控制柜上的电源开关跳开;该插座与控制柜插头的相序已对应,若换用的插座与控制柜插头的相序不对应,微机调速装置将弹出警告提示,如若强行做并网实验,会对仪表和发电机组产生冲击,严重时可能导致设备损坏。

2. 通电前,应做如下工作:检查实验台、控制柜和发电机组间的电缆线是否正确连接;原动机的光电编码器与控制柜间的连线是否连接,调试完成后勿动;实验台和控制柜间的通信线是否连接。

3. 通电后,实验前,检查装置的"系统设置"内的参数是否为实验要求的值。如果不是,请修改相关参数。

4. 实验过程中,人体不可接触带电线路,如自耦调压器的输入、输出接线端。

5. 发电机组在启动后,切勿触碰发电机组。

6. 在进行发电机组与系统间的解列操作时,要使发电机组的有功功率 P 和无功功率 Q 接近于零,即零功率解列。

7. 控制柜上的总电源应由实验指导教师控制,其他人员只能经指导教师允许后方可操作,不得擅自合闸。

2.3　实验流程的评价体系

良好的评价体系是保证教学效果、督促学生持续改进的重要措施。实践教学所关注的不应仅仅是知识的贯通,而是以知识为载体的工程素养的培育,教学评价应以每位学生都能精熟内容为前提。因此,拥有一套合理的评价体系至关重要。

实践过程包括课前设计、实验操作、撰写报告和质疑答辩四个阶段;学习成果则包括知识储备、工程技能和工程素养三个领域。当然,在一个实验中体现多种能力的培养是不现实的,选择关键的培养目标并进行权重配比是有效的方法。各个阶段所占比例为:实验操作和撰写报告环节是整个实践教学的主体,应占60%;课前设计体现学生系统化思维解决问题的能力,占比重为20%;质疑答辩环节是最终方案展示阶段,综合了工程素养的成果展现,占比重为20%。另外,评价体系中不仅包含通用目标的实现,如工程技能及素养,而且包含个性化的指标,如自我评价,方便学生找到自身的差距进而持续改进。实践教学评价体系构成如表2-3所示。

表2-3 电力系统实践教学评价体系

阶段	评价内容	考核形式	学习成果
课前设计	电力系统模型的建立、故障类型的设置和判断、预期保护方案的构建	预习测试	知识储备
	仿真软件工具的学习	现场考核	工程技能
	查阅国家标准、项目展示能力	现场答辩	工程素养
实验操作	故障类型判断、保护整定计算、灵敏度计算	教师质疑	知识储备
	仿真软件工具的使用	教师验收	工程技能
	学生参与程度、独立性、操作规范程度	现场考核	工程素养
撰写报告	多种保护类型比较和分析,故障排查原因分析	提交报告	知识储备
	书面写作能力、查阅资料	提交报告	工程技能
	报告规范程度、分析能力	提交报告	工程素养
质疑答辩	故障排查总结	小组答辩	知识储备
	团队协作能力、项目管理能力	小组分工现场答辩	工程素养
	个人进步程度评价	自我评价	

第3章　发电机组的运行实验项目

3.1　发电机组的启动与运转实验

3.1.1　实验目的

1. 了解实验台微机调速装置的机制和操作方法。

2. 熟悉发电机组中原动机(直流电动机)的基本特性。

3. 掌握发电机组起励建压、并网、解列和停机的操作。

3.1.2　实验预习要求

本实验主要目的是完成发电机组的启动和运转过程,熟悉相应的操作,为后续相关实验做好准备。实验前预习相关内容,满足下列要求:

1. 查阅理论书籍,能够分析原动机的基本特性。

2. 准确简述发电机组起励建压、并网、解列和停机的操作步骤。

3.1.3　实验方案说明

利用 EAL-II 型电力系统综合自动化实验平台完成此实验项目。原动机采用直流电动机模拟工业现场的汽轮机或水轮机,微机调速系统用于调整原动机的转速和输出的有功功率,微机励磁系统用于调整发电机电压和输出的无功功率。电力自动化系统的原理结构示意图如图3-1 所示。

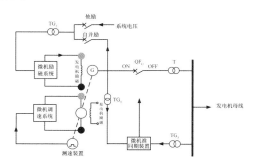

图3-1　电力自动化系统的原理结构示意图

装于原动机上的编码器将转速信号以脉冲的形式送入微机调速系统控制芯片中,装置内部采用 AD 方式将电枢电压采集到控制芯片中,根据不同的调节方式调节原动机的电枢电压,最终改变原动机的转速和输出功率。

发电机出口的三相电压信号送入微机励磁系统和微机准同期,三相电流信号经电流互感器也送入微机励磁系统,信号被处理后,发电机励磁交流电流部分信号、直流励磁电压信号和直流励磁电流信号送入微机励磁系统,微机励磁系统根据控制方式进行计算,再根据计算结果输出控制电压,来调节发电机励磁电流。因此,实验步骤主要包括主电网启动、原动机启动、发电机组起励建压、解列停机四个环节。

3.1.4 实验步骤

1. 主电网启动

检查实验台和控制柜的连接、电机和控制柜的连接等,确保连接正常。

主控屏面板图如图 3-2 所示。合上总电源开关,然后合上主电源开关,输电线路选择 XL1 和 XL3(即闭合 QFS、QF1、QF3 和 QF5),红灯亮。值得注意的是,绿灯亮表示断路器为断开状态,红灯亮表示断路器为闭合状态,调节三相调压器,主控屏系统电压表显示 380 V。

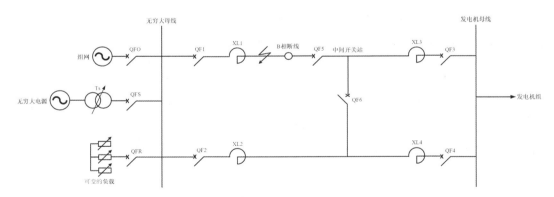

图 3-2 主控屏面板图

2. 原动机启动

打开控制柜中微机调速系统、微机励磁系统和微机准同期系统的电源船型开关。

进入微机调速系统,选择"本地控制";在原动机控制方式选择界面选择"转速闭环";在原动机恒转速控制模式界面中点击"转速设置",输入转速 1 500 r/min(1 500 r/min 为原动机的额定转速),点击"转速启动",等待原动机转速稳定(原动机的转速不要超过 1 800 r/min,当转速超过 1 800 r/min 时应立即关闭电源开关)。相关操作界面如

图 3-3、图 3-4、图 3-5 所示。

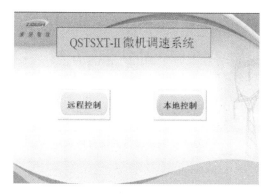

图 3-3　微机调速系统界面　　　　　图 3-4　控制方式选择界面

图 3-5　恒转速控制模式界面

3. 发电机组起励建压

　　手动并网的操作步骤是：进入微机励磁系统，选择"本地控制"，在"他励模式"下选择"他励电压闭环工作模式"，点击"恒 U_g 启动"，通过按"电压增"或"电压减"按钮改变发电机的线电压，使其在 380 V 左右（可以观察主控屏发电机电压表示数约为 380 V 或在触摸屏内观察 U 相电压显示在 220 V 左右、V 相电压在 220 V 左右、C 相电压在 220 V 左右。主控屏模拟表显示的为线电压，触摸屏屏内采集的为相电压）（主控屏模拟表发动机的线电压不要超过 420 V，触摸屏相电压不能超过 240 V）。相关操作界面如图 3-6、图 3-7、图 3-8 所示。

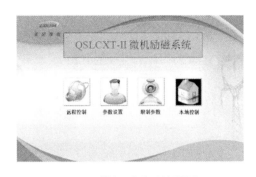

图 3-6　微机励磁系统界面

图 3-7　励磁方式选择界面

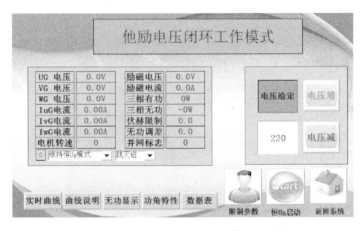

图 3-8　他励电压闭环工作模式界面

半自动并网操作是：进入微机准同期系统，选择"本地控制"，在并网控制方式选择界面选择"半自动并网"，不需要发电机并网启动，只是观察电网电压、发电机电压、频率、电压差。相关界面如图 3-9、图 3-10、图 3-11 所示。

图 3-9　微机准同期系统界面

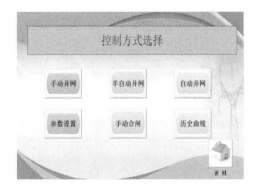

图 3-10　控制方式选择界面

图 3-11 半自动并网控制界面

进入微机励磁系统,通过点击"电压增"或"电压减"按钮,改变发电机的端电压,在表 3-1 中记录实验数据(主控屏模拟表发动机的线电压不要超过 420 V,触摸屏相电压不能超过 240 V)。

表 3-1 实验数据表

电 量	序 号				
	1	2	3	4	5
给定的电压/V					
发动机电压 U_d/V					
励磁电流 I_e/A					

4.解列停机操作

进入微机励磁系统,点击"灭磁"按钮;然后进入微机调速系统,点击"停机"按钮,最后断开所有的电源开关(一定要先"灭磁",再"停机")。

3.1.5 观察与思考

1.观察发电机并网过程中电压、频率、压差的变化。

2.分析发电机组起励建压的数据,得出主要结论。

3.为什么发电机组送出有功功率和无功功率时,先送无功功率?

4.为什么要求发电机组输出的有功功率和无功功率为 0 时才能解列?

3.2 同步发电机起励实验

3.2.1 实验目的

1. 了解同步发电机的几种起励方式,并比较它们之间的不同之处。

2. 分析不同起励方式下同步发电机起励建压的条件。

3.2.2 实验预习要求

本实验是建立在 3.1 实验基础上的拓展实验。实验前预习相关内容,满足下列要求:

1. 能够简述发电机组起励建压、并网、解列和停机的操作步骤。

2. 能够简述同步发电机的几种起励方式及优缺点。

3.2.3 实验原理及说明

同步发电机的起励方式有三种:恒 α 角方式起励、恒发电机电压 U_g 方式起励和恒励磁电流 I_e 方式起励。其中,除了恒 α 角方式起励只能在他励方式下有效外,其余两种方式起励都可以分别在他励和自并励两种励磁方式下进行。

1. 恒 α 角方式起励

恒 α 角方式只适用于他励励磁方式,可以做到从零电压或残压开始人工调节逐渐增加励磁而升压,完成起励建压任务。

2. 恒 U_g 方式起励

现代励磁调节器通常有"设定电压起励"和"跟踪系统电压起励"两种起励方式。设定电压起励是指电压设定值由运行人员手动设定,起励后的发电机电压稳定在手动设定的给定电压水平上;跟踪系统电压起励是指电压设定值自动跟踪系统电压,人工不能干预,起励后的发电机电压稳定在与系统电压相同的电压水平上,有效跟踪范围为 85% ~ 115% 额定电压。"跟踪系统电压起励"方式是发电机正常发电运行默认的起励方式,可以为准同期并列操作创造电压条件,而"设定电压起励"方式通常用于励磁系统的调试试验。

3. 恒 I_e 方式起励

恒 I_e 方式起励是一种用于试验的起励方式,其设定值由运行人员手动设定,起励后的发电机电流稳定在手动设定的给定电压水平上。

3.2.4　实验内容与步骤

1. 主电网启动和原动机启动

此部分实验步骤与 3.1 实验项目相同。

合上总电源开关,然后合上主电源开关,输电线路选择 XL1 和 XL3(即闭合 QFS、QF1、QF3 和 QF5),红灯亮。绿灯亮表示断路器为断开状态,红灯亮表示断路器为闭合状态,调节三相调压器,主控屏系统电压表显示 380 V。

进入微机调速系统,选择"本地控制",在原动机控制方式界面选择"转速闭环",在原动机恒转速控制模式界面中点击"转速设置",输入转速 1 500 r/min(1 500 r/min 为原动机的额定转速),点击"转速启动",等待原动机转速稳定(原动机的转速不要超过 1 800 r/min,当转速超过 1 800 r/min 时应立即关闭电源开关)。

2. 恒 α 角控制方式

进入微机励磁系统,选择"本地控制",在他励模式下工作方式选择"恒 α 角励磁",恒 α 角工作模式界面如图 3-12 所示。点击"α 启动"按钮,通过点击"电压增"或"电压减"按钮改变发电机的线电压在 380 V 左右(可以在主控屏观察或者在触摸屏内观察,主控屏模拟表显示的为线电压,触摸屏屏内采集的为相电压)。主控屏模拟表发动机的线电压不要超过 420 V,触摸屏相电压不能超过 240 V。

图 3-12　恒 α 角工作模式界面

进入微机准同期系统,选择"本地控制",在并网控制方式选择"半自动并网",发电机组不并网,进入微机调速系统,通过点击"转速增"或"转速减"按钮来调节原动机的转速,从而进一步调节发电机电压的频率,使频率变化在 45 ~ 55 Hz。频率数值可从微机准同期系统读取,在微机励磁系统读取发电机电压、励磁电流和励磁电压的数值并记录到表 3-2 中。

表3-2　数值记录表

序号	发电机频率 f_g/Hz （准同期系统）	发电机电压 U_g/V （准同期系统）	励磁电流 I_e/A （励磁系统）	励磁电压 U_e/V （励磁系统）
1	47.5 左右			
2	48.0 左右			
3	49.0 左右			
4	50.0 左右			
5	51.0 左右			

3. 恒 U_g 控制方式

在微机调速系统中通过点击"电压增"或"电压减"按钮，使原动机的转速在 1 500 r/min 左右。在微机励磁系统中点击"灭磁"，返回微机励磁系统主界面。

在他励模式下工作方式选择"电压闭环励磁"，点击"恒 U_g 启动"按钮，通过按"电压增"或"电压减"按钮改变发电机的线电压在 380 V 左右。他励电压闭环工作模式界面如图 3-13 所示。

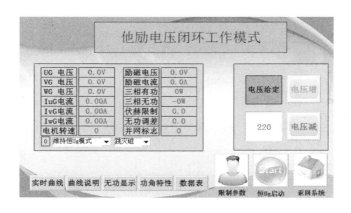

图 3-13　他励电压闭环工作模式界面

发电机组不并网，进入微机调速系统，通过点击"转速增"或"转速减"按钮来调节原动机的转速进而改变发电机的频率，使频率变化在 45～55 Hz。频率数值可从微机准同期系统读取，在微机励磁系统读取发电机电压、励磁电流和励磁电压的数值并记录到表 3-3 中。

表 3-3　数值记录表

序号	发电机频率 f_g/Hz（准同期系统）	发电机电压 U_g/V（准同期系统）	励磁电流 I_e/A（励磁系统）	励磁电压 U_e/V（励磁系统）
1	47.5 左右			
2	48.0 左右			
3	49.0 左右			
4	50.0 左右			
5	51.0 左右			

4. 恒 I_e 控制方式

在微机调速系统中通过点击"转速增"或"转速减"按钮,使原动机的转速在 1 500 r/min 左右。在微机励磁系统中点击"灭磁",返回微机励磁系统主界面。

在他励模式下工作方式选择"电流闭环励磁",点击"电流启动"按钮,通过点击"电压增"或"电压减"按钮改变发电机的线电压在 380 V 左右(主控屏模拟表发动机的线电压不要超过 420 V,触摸屏相电压不能超过 240 V)。

发电机组不并网,进入微机调速系统,通过点击"转速增"或"转数减"按钮来调节原动机的转速而改变发电机的频率,使频率变化在 45～55 Hz,频率数值可从微机准同期系统读取,在微机励磁系统读取发电机电压、励磁电流和励磁电压的数值并记录到表 3-4 中。

表 3-4　数值记录表

序号	发电机频率 f_g/Hz（准同期系统）	发电机电压 U_g/V（准同期系统）	励磁电流 I_e/A（励磁系统）	励磁电压 U_e/V（励磁系统）
1	47.5 左右			
2	48.0 左右			
3	49.0 左右			
4	50.0 左右			
5	51.0 左右			

在微机调速系统中通过点击"转速增"或"转速减"按钮,把原动机的转速加到 1 500 r/min。进入微机励磁系统点击"灭磁"按钮,然后在微机调速系统点击"停机"按钮,最后断开所有的电源开关(先"灭磁",再"停机")。

3.2.5　实验观察与思考

1. 比较三张表中的数据,分析各种起励方式参数变化的不同之处。

2. 实验过程中恒 U_g 方式起励,励磁调节器采用哪种起励方式?

3.3 伏赫限制实验

3.3.1 实验目的

1. 了解伏赫限制的意义。

2. 熟悉伏赫限制的工作原理。

3.3.2 实验预习要求

本实验针对大型同步发电机解列运行时保护控制。实验前预习相关内容,满足下列要求:

1. 能够阐述伏赫限制的基本原理。

2. 能够计算出本次实验的工作参数。

3.3.3 实验原理及测试方法

伏赫(V/Hz)限制就是限制发电机的端电压与频率的比值,其目的是防止发电机在空载、甩负荷和机组启动期间,由于电压升高或频率降低使发电机励磁电流增大,导致发电机铁芯饱和而引起发电机转子过热。根据公式

$$U = 4.44NK_{N1}fBS$$

式中,U 为发电机的相电势;

N 为每相绕组的串联匝数;

K_{N1} 为绕组系数;

f 为频率;

B 为发电机的磁感应强度;

S 为发电机铁芯截面积。

对于给定的发电机,N 和 S 是常数,令 $K = 4.44NK_{N1}S$,则 $U/f = BK$。根据整定的最大允许伏赫比 B_{max} 和当前频率 f,计算出当前允许的最高电压 $U_{max} = B_{max} \cdot f$,将其与当前发电机端电压 U_g 比较,取两者中间的最小值作为 U_{ref} 进行调节,即 $U_{ref} = \min\{U_{ref}, U_{max}\}$。一般情况下,调节的结果必然是发电机端电压 $U_g = U_{ref}$,即满足 $U/f \leq B_{max}$,达到伏赫限制的目的。考虑到机组并网运行时,比值 U/f 一般不会越限,故伏赫限制器解列运行时投入,并网后退出。

3.3.4　实验步骤

1. 主电网启动与控制柜启动

合上总电源开关,然后合上主电源开关,输电线路选择 XL1 和 XL3(即闭合 QFS、QF1、QF3 和 QF5),红灯亮。绿灯亮表示断路器为断开状态,红灯亮表示断路器为闭合状态,调节三相调压器,主控屏系统电压表显示 380 V。

打开微机调速系统、微机励磁系统和微机准同期系统的电源船型开关。

2. 原动机启动

进入微机调速系统,选择"本地控制",在原动机控制方式界面选择"转速闭环",在原动机恒转速控制模式界面中点击"转速设置",输入转速 1 500 r/min(1 500 r/min 为原动机的额定转速),点击"转速启动",等待原动机转速稳定(原动机的转速不要超过 1 800 r/min,当转速超过 1 800 r/min 时应立即关闭电源开关)。

3. 设置伏赫限制参数

进入微机励磁系统主界面菜单,进入限制参数设置界面,如图 3-14 所示,设置"伏赫限制"为 4.44,投切伏赫限制。

图 3-14　限制参数设置界面

选择"本地控制",在他励模式下,工作方式选择"电压闭环励磁",点击"恒 U_g 启动"按钮,通过点击"电压增"或"电压减"按钮改变发电机的线电压在 380 V 左右(主控屏模拟表发动机的线电压不要超过 420 V,触摸屏相电压不能超过 240 V)。

进入微机准同期系统,选择"本地控制",在并网控制方式选择"半自动并网",进入半自动并网界面,观察数据。

4. 记录数据

进入微机调速系统,通过点击"增加"或"减少"按钮,调节发电机组频率下降至 45 Hz,每间隔 2 Hz 记录发电机电压,直到伏赫限制灯亮,即伏赫限制动作。发电机频率在微机准同期系统中读取,记录此时的发电机电压和频率。将记录的相关数据填在表 3-5 中。

表 3-5　实验测试数据

发电机频率 f/Hz	50 左右	48 左右	46 左右	44 左右	42 左右
机端电压 U_g/V					

5. 灭磁停机

在微机调速系统中通过点击"转速增"或"转速减"按钮,把电机的转速加到 1 500 r/min,进入微机励磁系统,点击"灭磁"按钮,然后在微机调速系统中点击"停机"按钮,最后断开所有的电源开关(先"灭磁",再"停机")。

3.3.5　实验观察与思考

1. 根据实验数据,在同一坐标系内绘制伏赫限制曲线,分析曲线特点。
2. 根据实验现象,分析发电机并网运行时是否要投入伏赫限制功能,为什么?

3.4　能力指标及实现

发电机组是电力系统中重要的电气设备之一。同步发电机的励磁控制在保证电能质量、无功功率合理分配和提高系统稳定性方面都起到重要作用。因此,掌握发电机起励建压的特性问题为解决相关类工程问题奠定基础。

本章中介绍的实验分别为发电机组的起动和运转实验、同步发电机起励实验和伏赫限制实验。其中,前两个实验为基础操作实验,用于培训学生熟悉实验装置、了解操作过程;第三个实验为提高性实验,带有一定的设计性。借鉴工程认证的相关指标,将本章中涉及的实验进行分析,得出在工程认知、工程技能、工程应用和工程素养等方面的能力指标,结合考核实现形式,整理成表 3-6。

表 3-6　能力指标对应表格

能力指标	具体内容	考核标准	考核形式
工程认知	发电机起励的方式分类	是否掌握专业概念和术语	预习考核
工程技能	常见的励磁限制及保护功能	是否有检索、查阅等学习能力	预习考核
	起励实验的方式选择	是否选择并使用适当方法	实验报告
	发电机励磁调节	是否正确操作自动化装置	实践操作
工程应用	伏赫限制的条件计算	是否能应用知识设计满足条件	实验报告
工程素养	实验过程中电压、功率的限制范围	是否理解电网安全的重要性	实践操作
	分组实验的讨论部分	是否与同组人员合作沟通	实践操作
	报告撰写的规范程度	是否采用标准的电气符号画图	实验报告

第4章　同步发电机准同期并列运行实验项目

4.1　自动准同期条件测试实验

4.1.1　实验目的

1. 掌握实验设备和仪器的使用方法,深入理解准同期条件。

2. 掌握准同期条件的测试方法。

3. 熟悉脉动电压的特点。

4.1.2　实验预习要求

本实验是发电机并网实验的基础操作。实验前预习相关内容,满足下列要求:

1. 能准确说出准同期并网的条件。

2. 能简述发电机组并网的具体操作步骤。

4.1.3　实验原理及测试方法

早期的准同期装置是利用脉动电压这一特性进行工作的。所谓脉动电压是指待并发电机的电压 U_g 和系统电压 U_s 之间的电压差,通常用 U_d 来表示。

发电机电压和系统电压的瞬时值,可用下式表示,

$$u_g = U_{g.m}\sin(W_g t + \delta_1)$$

$$u_s = U_{s.m}\sin(\omega_s t + \delta_2)$$

式中, $U_{g.m}$ 、 $U_{s.m}$ 为发电机电压和系统电压的幅值; δ_1 、 δ_2 为发电机电压和系统电压的初相。

若初始相角 $\delta_1 = \delta_2 = 0$,则

$$u_d = 2U_m\sin\frac{(\omega_g - \omega_s)t}{2}\cos\frac{(\omega_g + \omega_s)t}{2}$$

脉动电压 u_d 随时间变化的图像如图 4-1 所示。

令 $U_{d.m} = 2U_m\sin\dfrac{(\omega_g - \omega_s)t}{2}$ 为脉动电压 u_d 的幅值,则

$$u_d = U_{d.m} \cos \frac{(\omega_g + \omega_s)t}{2}$$

令 $\omega_d = \omega_g - \omega_s$，则

$$u_d = 2U_m \sin \frac{\omega_d t}{2}$$

式中，ω_d 为滑差角速度。

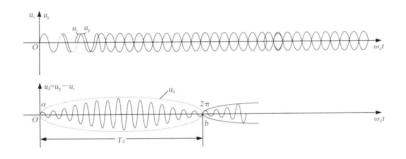

图 4-1　脉动电压随时间变化的图像

关于脉动电压的概念还可以用相量来描述。图 4-2 是滑差电压相量图。

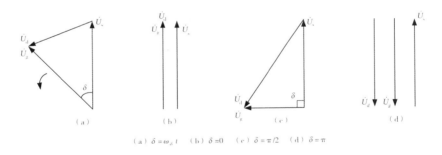

(a) $\delta = \omega_d t$　　(b) $\delta = 0$　　(c) $\delta = \pi/2$　　(d) $\delta = \pi$

图 4-2　滑差电压相量图

用 $\dot{U}_g$ 和 $\dot{U}_s$ 表示图 4-1 中发电机电压和系统电压的相量，当 ω_d 不等于零时，$\dot{U}_g$ 和 $\dot{U}_s$ 之间的相角差（滑差）$\delta = \omega_d t$，将随时间 t 不断改变。假定以 $\dot{U}_s$ 为参考相量保持不动，则 $\dot{U}_g$ 将以角速度 ω_d 作逆时针旋转。因而脉动电压 $\dot{U}_d$ 的瞬时值也在不断变化。

脉动电压不仅反映 U_g 和 U_s 的相角差特性，而且与它们的幅值有关，所以可以利用自动装置检测滑差电压，判断准同期并网条件，完成发电机组的准同期并网操作。因此研究滑差电压的特性是非常必要的。根据发电机电压信号和系统电压信号测试准同期

条件,当电压幅值和频率有变化时,观测脉动电压 U_d 波形的变化。

4.1.4　实验内容

1.实验台和控制柜启动

合上总电源开关,然后合上主电源开关,输电线路选择 XL1 和 XL3(即闭合 QFS、QF1、QF3 和 QF5),红灯亮。绿灯亮表示断路器为断开状态,红灯亮表示断路器为闭合状态,调节三相调压器,主控屏系统电压表显示 380 V。

打开微机调速系统、微机励磁系统和微机准同期系统的电源船型开关。

2.原动机启动

进入微机调速系统,选择"本地控制",在原动机控制方式界面选择"转速闭环",在原动机恒转速控制模式界面中点击"转速设置",输入转速 1 500 r/min(1 500 r/min 为原动机的额定转速),点击"转速启动",等待原动机转速稳定(原动机的转速不要超过 1 800 r/min,当转速超过 1 800 r/min 时应立即关闭电源开关)。控制方式选择界面如图 4-3 所示,恒转速控制模式界面如图 4-4 所示。

图 4-3　控制方式选择界面

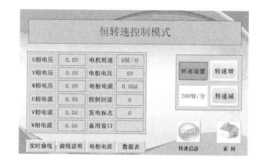

图 4-4　恒转速控制模式界面

进入微机励磁系统,选择"本地控制",在他励模式下,工作方式选择"电压闭环励磁",点击"恒 U_g 启动"按钮,通过点击"电压增"或"电压减"按钮改变发电机的线电压在 380 V 左右(主控屏模拟表发动机的线电压不要超过 420 V,触摸屏相电压不能超过 240 V)。

3.并网波形测试

进入微机准同期系统,选择"本地控制",在控制方式选择界面选择"半自动并网",在半自动并网控制界面中不点击并网。控制方式选择界面如图 4-5 所示,半自动并网控制界面如图 4-6 所示。

图 4-5　控制方式选择界面

图 4-6　半自动并网控制界面

在控制柜上放示波器,电源接在实验台右侧的单相电源插座上,将一个探头的正极接入"发电机电压"测试孔,负极接入"系统电压"测试孔,观测系统电压和发电机电压波形,记录实验波形。

点击微机调速系统上的"转速增"和"转速减"按钮,调节转速,使 n 在 1 470 r/min 左右;调节微机励磁系统发电机电压(主控屏模拟表发动机的线电压不要超过 420 V,触摸屏相电压不能超过 240 V),通过示波器可观测到脉动电压波形。待波形稳定后,画出电压波形(微机准同期装置测量的系统电压和发电机电压均为经过电压互感器后的电压,为安全电压)。

4.灭磁停机

进入微机励磁系统,点击"灭磁"按钮,然后在微机调速系统中点击"停机"按钮,最后断开所有的电源开关(先"灭磁",再"停机")。

4.1.5　观察与思考

1.准同期并列的理想条件有哪些? 实际中如何体现利用脉动电压?

2.根据绘制的脉动电压波形,分析脉动电压的变化规律受哪些因素的影响。

3.理论分析与测试观察结果是否一致,为什么?

4.在合闸时相角误差产生的主要原因有哪些?

4.2　压差、频差和相差闭锁与整定实验

4.2.1　实验目的

1.认识自动准同期装置三个控制单元的作用及其工作原理。

2.熟悉压差、频差和相差闭锁与整定的控制方法。

4.2.2 实验预习要求

本实验要求在熟悉4.1实验项目操作的基础上,完成相应参数的设置。实验前预习相关内容,满足下列要求:

1.能够准确掌握压差、频差和相差闭锁的概念及设定范围。

2.能够简述准同期装置并网的具体操作步骤。

4.2.3 实验原理及说明

为了使待并网发电机组满足并列条件,自动准同期装置设置了三个控制单元,即频差控制单元、压差控制单元和合闸信号控制单元。

1.频差控制单元

它的任务是检测发电机电压 U_g 与系统电压 U_s 间的滑差角频率 ω_d,控制调速器,调节发电机转速,使发电机的频率接近于系统频率,满足允许频差。

2.压差控制单元

它的功能是检测发电机电压 U_g 与系统电压 U_s 间的电压幅值差,控制励磁调节器,调节发电机电压 U_g 使之与系统电压 U_s 的压差小于规定允许值,促使并列条件的形成。

3.合闸信号控制单元

检查并列条件,当待并网发电机组的频率和电压都满足并列条件,且相角差 δ 接近于零或控制在允许范围以内时,合闸控制单元就选择合适的时间(导前时间)发出合闸信号,使并列断路器的主触头接通,完成发电机组与电网的并列运行。

三者之间的逻辑结构框图如图4-7所示。

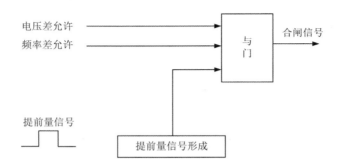

图4-7 准同期装置的合闸信号控制逻辑结构框图

微机准同期装置对微机调速装置的控制方式:当准同期装置的"自动并网"启动后,

且发电机电压与系统电压的频差大于准同期装置的频差整定值时,其频差控制单元发出频差闭锁合闸信号,同时向微机调速装置发出减速脉冲信号(准同期面板有相应信号灯指示),直至频差不大于频差整定值,频差闭锁合闸信号解除。

微机准同期装置对微机励磁装置的控制方式:当准同期装置的"自动并网"启动后,且发电机电压与系统电压的压差大于准同期装置整定的压差允许值时,它的压差控制单元发出压差闭锁合闸信号,给微机励磁装置发出降压脉冲信号,直至压差不大于压差允许值,压差闭锁合闸信号解除。

微机准同期装置相差闭锁功能,使合闸继电器动作的导前相角限定在$(+\delta \sim -\delta)$区间内,导前时间的合闸脉冲也必定在此范围内发出,即便频差周期出现反向加速度,引起误发脉冲,产生的冲击也不致使发电机损坏。

4.2.4　实验内容与步骤

1. 实验台及控制柜启动

合上总电源开关,然后合上主电源开关,输电线路选择 XL1 和 XL3(即闭合 QFS、QF1、QF3 和 QF5),红灯亮。绿灯亮表示断路器为断开状态,红灯亮表示断路器为闭合状态,调节三相调压器,主控屏系统电压表显示 380 V。

打开微机调速系统、微机励磁系统和微机准同期系统的电源船型开关。

2. 原动机启动

进入微机调速系统,选择"本地控制",在原动机控制方式界面选择"转速闭环",在原动机恒转速控制模式界面中点击"转速设置",输入转速 1 500 r/min(1 500 r/min 为原动机的额定转速),点击"转速启动",等待原动机转速稳定(原动机的转速不要超过 1 800 r/min,当转速超过 1 800 r/min 时应立即关闭电源开关)。

进入微机励磁系统,选择"本地控制",在他励模式下,工作方式选择"电压闭环励磁",点击"恒 U_g 启动"按钮,通过点击"电压增"或"电压减"按钮改变发电机的线电压在 380 V 左右(主控屏模拟表发动机的线电压不要超过 420 V,触摸屏相电压不能超过 240 V)。

进入微机准同期系统,选择"本地控制",在控制方式选择界面选择"半自动并网",在半自动并网控制界面中不点击并网。

3. 频差整定与闭锁测试

(1)点击微机调速系统上的"转速增"或"转速减"按钮,使 $n = 1\ 470$ r/min;点击微机励磁系统上的"+"或"−"按钮,调节励磁,使 $U_g = 220$ V。

(2)点击微机准同期系统中"半自动并网"下的"并网"按钮,调节微机调速系统,直到频差闭锁指示灯长期点亮,在此过程中,观察准同期装置频差闭锁、发电机组转速加速/减速指示灯以及其他指示灯的变化。

(3)点击微机调速系统上的"转速增"或"转速减"按钮,同时调节微机励磁系统,观察微机调速装置的显示以及微机准同期装置上的显示,使 $n = 1\ 500$ r/min,在励磁系统中调节 $U_g = 230$ V。

(4)调整微机准同期设置:压差允许值为 5 V。

(5)点击微机准同期系统中"半自动并网"下的"并网"按钮,调节微机励磁系统,直到压差闭锁指示灯长期点亮,在此过程中,观察准同期装置压差闭锁、升压/降压指示灯以及其他指示灯的变化。

4. 相差整定

相差整定值在出厂时,已结合本微机准同期装置的特点整定为45°,能保证导前相角发出合闸命令,不致使发电机损坏,因此相差整定值在实验中不需要进行修改设置。

5. 灭磁停机

进入微机励磁系统点击"灭磁"按钮,然后在微机调速系统点击"停机"按钮,最后断开所有的电源开关(先"灭磁",后"停机")。

4.2.5　观察与思考

1. 根据实验现象,分析微机准同期装置的压差、频差和相差闭锁与整定控制单元的内部工作原理。

2. 总结微机调速装置和微机励磁装置是如何与微机准同期装置压差、频差和相差闭锁与整定控制单元配合工作的。

4.3　手动准同期并网实验

4.3.1　实验目的

1. 理解同步发电机准同期并列运行原理,掌握准同期并列条件。

2. 掌握手动准同期的概念及并网操作方法,准同期并列装置的分类和功能。

3. 熟悉同步发电机手动准同期并列过程。

4.3.2　实验预习要求

本实验主要完成手动准同期并网实验,通过操作加深并网过程及条件的理解。实验前预习相关内容,满足下列要求:

1. 能够简述准同期并列条件。

2. 能够简述手动准同期并列过程。

4.3.3　实验原理说明

在满足并列条件的情况下,只要控制得当,采用准同期并列方法可使并网的冲击电流很小,从而对电网扰动甚微,因此,准同期并列方式是电力系统运行中的主要并列方式。准同期并列要求在合闸前通过调整待并网发电机组的电压和转速,当其满足电压幅值和频率条件后,根据恒定越前时间原理,由运行操作人员手动或由准同期控制器自动选择合适时机发出合闸命令,这种并列操作的合闸冲击电流小,并且机组投入电力系统后能迅速保持同步。

根据并列操作的自动化程度,并列操作又可分为手动准同期、半自动准同期和全自动准同期三种方式。

正弦整步电压是不同频率的两正弦电压之差,其幅值做周期性的正弦规律变化。它能反映发电机组与系统间的同步情况,如频率差、相角差以及电压幅值差。线性整步电压反映的是不同频率的两方波电压间相角差的变化规律,其波形为三角波。它能反映电机组与系统间的频率差和相角差,并且不受电压幅值差的影响,因此得到广泛应用。

手动准同期并列,应在正弦整步电压的最低点(相同点)时合闸,考虑到断路器的固有合闸时间,实际发出合闸命令的时刻应提前一个相应的时间。

自动准同期并列,通常采用恒定越前时间原理工作,这个越前时间可按断路器的合闸时间整定。准同期控制装置根据给定的允许压差和允许频差,不断地检测准同期条件是否满足,在不满足要求时,闭锁合闸并且发出均压、均频控制脉冲。当所有条件均满足时,在整定的越前时间送出合闸脉冲。

4.3.4　实验内容

1. 主实验台和控制柜的启动

合上总电源开关,然后合上主电源开关,输电线路选择 XL1 和 XL3(即闭合 QFS、QF1、QF3 和 QF5),红灯亮。绿灯亮表示断路器为断开状态,红灯亮表示断路器为闭合状态,调节三相调压器,主控屏系统电压表显示 380 V。

打开微机调速系统、微机励磁系统和微机准同期系统的电源船型开关。

2. 原动机启动

进入微机调速系统,选择"本地控制",在原动机控制方式界面选择"转速闭环",在原动机恒转速控制模式界面中点击"转速设置",输入转速 1 500 r/min(1 500 r/min 为原动机的额定转速),点击"转速启动",等待原动机转速稳定(原动机的转速不要超过 1 800 r/min,当转速超过 1 800 r/min 时应立即关闭电源开关)。

进入微机励磁系统,选择"本地控制",在他励模式下,工作方式选择"电压闭环励磁",点击"恒 U_g 启动"按钮,通过点击"电压增"或"电压减"按钮改变发电机的线电压在 380 V 左右(可以观察主控屏发电机电压表示数为 380 V 或在触摸屏内观察 U 相电压在 220 V 左右,V 相电压在 220 V 左右,C 相电压在 220 V 左右。主控屏模拟表显示的为线电压;触摸屏屏内采集的为相电压)。主控屏模拟表发动机的线电压不要超过 420 V,触摸屏相电压不能超过 240 V。

3. 手动操作发电机组并列运行过程

(1)进入微机准同期系统,选择"本地控制",在并网控制方式界面选择"手动并网",在手动并网控制界面中点击"启动"按钮。在这种情况下,要满足并列条件,需要手动调节发电机电压、频率,直至电压差、频差在允许范围内,相角差在零度前某一合适位置时,手动操作合闸按钮进行合闸。

(2)进入微机准同期系统,观察频差和压差的数字,以及相角差指示灯的旋转方向。

(3)点击微机调速装置上的"+"按钮进行增频,频差显示接近于零,此时压差显示也应接近于零;否则,调节微机励磁装置。

(4)观察相位差指示灯,当相角差接近 0 度位置时(此时相差也满足条件),点击"并网"按钮,合闸成功。

4. 偏离准同期并列条件,发电机组的并列运行操作

本实验分别在单独一种并列条件不满足的情况下合闸:

(1)电压差、相角差条件满足,频率差条件不满足:在 $f_g>f_s$ 和 $f_g<f_s$ 时手动合闸,观察并记录实验台上有功功率表和无功功率表指针偏转方向及偏转角度大小,分别填入表 4-1。注意:频率差不要大于 0.5 Hz。

(2)频率差、相角差条件满足,电压差条件不满足:$U_g>U_s$ 和 $U_g<U_s$ 时手动合闸,观察并记录实验台上有功功率表和无功功率表指针偏转方向及偏转角度大小,分别填入表 4-1。注意:电压差不要超过额定电压的 10%。

（3）频率差、电压差条件满足,相角差条件不满足:顺时针旋转和逆时针旋转时手动合闸,观察并记录实验台上有功功率表和无功功率表指针偏转方向及偏转角度大小,分别填入表4-1。注意:相角差不要大于30°。

表 4-1　偏离准同期并列条件并网操作时,发电机组的功率方向变化表

参数	状　态					
	$f_g > f_s$	$f_g < f_s$	$U_g > U_s$	$U_g < U_s$	相位顺时针	相位逆时针
P/kW（励磁系统）						
$Q/kvar$（励磁系统）						

5.灭磁停机

进入微机调速系统,通过点击"有功增"或"有功减"按钮,把有功功率调为 0 左右;进入微机励磁系统,通过点击"无功增"或"无功减"按钮把无功功率调为 0 左右, 点击微机准同期系统的"解列"按钮,再在微机励磁系统点击"灭磁"按钮,然后在微机调速系统点击"停机"按钮,最后断开所有的电源开关(一定要先"解列",再"灭磁",最后"停机")。

4.3.5　观察与思考

1.根据实验步骤,详细分析手动准同期并列过程。

2.根据实验数据,比较满足准同期并列条件与偏离准同期并列条件合闸时,对发电机组和系统并列时的影响。

4.4　半自动准同期并网实验

4.4.1　实验目的

1.加深理解同步发电机准同期并列原理,掌握准同期并列条件。

2.掌握半自动准同期装置的工作原理及使用方法。

3.熟悉同步发电机半自动准同期并列过程。

4.4.2　实验预习要求

本实验完成半自动准同期并网。实验前预习相关内容,满足下列要求:

1.能够简述半自动准同期装置的工作原理。

2.能够简述半自动准同期并列操作与手动并列操作的区别。

4.4.3 实验原理及测试方法

为了使待并网发电机组满足并列条件,完成并列自动化的任务,自动准同期装置需要满足以下基本技术要求:

1.在频差及电压差均满足要求时,自动准同期装置应在恒定越前时间瞬间发出合闸信号,使断路器在相角差 $\delta_e=0$ 时闭合。

2.在频差或电压差有任意一项不满足要求或都不满足要求时,即使恒定越前时间到达,自动准同期装置也不发出合闸信号。

3.在完成上述两项基本技术要求后,自动准同期装置要具有均压和均频的功能。如果频差不满足要求,一般是发电机的转速引起的,此时自动准同期装置要发出均频脉冲,改变发电机组的转速。如果电压差不满足要求,一般是发电机的励磁电流引起的,此时自动准同期装置要发出均压脉冲,改变发电机的励磁电流的大小。

同步发电机的自动准同期装置按自动化程度可分为:半自动准同期并列装置和自动准同期并列装置。

半自动准同期并列装置没有频差调节和压差调节功能。并列时,待并网发电机的频率和电压由运行人员监视和调整,当频率和电压都满足并列条件时,并列装置就在合适的时间发出合闸信号。它与手动并列的区别仅仅是合闸信号由该装置经判断后自动发出,而不是由运行人员手动发出。

4.4.4 实验内容

1.实验台和控制柜启动

合上总电源开关,然后合上主电源开关,输电线路选择 XL1 和 XL3(即闭合 QFS、QF1、QF3 和 QF5),红灯亮。绿灯亮表示断路器为断开状态,红灯亮表示断路器为闭合状态,调节三相调压器,主控屏系统电压表显示 380 V。

打开微机调速系统、微机励磁系统和微机准同期系统的电源船型开关。

2.原动机启动

进入微机调速系统,选择"本地控制",在原动机控制方式界面选择"转速闭环",在原动机恒转速控制模式界面中点击"转速设置",输入转速 1 500 r/min(1 500 r/min 为原动机的额定转速),点击"转速启动",等待原动机转速稳定(原动机的转速不要超过 1 800 r/min,当转速超过 1 800 r/min 时应立即关闭电源开关)。

进入微机励磁系统,选择"本地控制",在他励模式下,工作方式选择"电压闭环励磁",点击"恒 U_g 启动"按钮,通过点击"电压增"或"电压减"按钮改变发电机的线电压在 380 V 左右(可以观察主控屏发电机电压表示数为 380 V 或在触摸屏内观察 U 相电压在 220 V 左右,V 相电压在 220 V 左右,C 相电压在 220 V 左右。主控屏模拟表显示的为线电压;触摸屏屏内采集的为相电压)。主控屏模拟表发动机的线电压不要超过 420 V,触摸屏相电压不能超过 240 V。

3. 半自动并列操作

进入微机准同期系统,选择"本地控制",在控制方式选择界面选择"半自动并网",在半自动并网控制界面中点击"启动"按钮。在这种情况下,要满足并列条件,需要手动调节发电机电压、频率,直至电压差、频差在允许范围内,相角差在零度前某一合适位置时,微机准同期装置控制合闸按钮进行合闸。

观察微机准同期装置压差闭锁的变化情况。若压差闭锁灯亮,点击微机励磁装置上的"−"按钮进行降压,直至压差闭锁灯灭,此调节过程中,观察并记录压差变化情况。

压差闭锁和频差闭锁灯灭,表示压差、频差均满足条件,当微机装置自动判断相差也满足条件时,发出合闸命令。合闸成功后,QFG 红灯亮,将数据记录在表 4-2 中。

表 4-2　实验数据记录

压差 $\Delta U/\text{V}$	频差 $\Delta F/\text{Hz}$	P/kW	Q/kvar
5	0.3		

4. 灭磁停机

进入微机调速系统,通过点击"有功增"或"有功减"按钮把有功功率调为 0 左右;进入微机励磁系统,通过点击"无功增"或"无功减"按钮把无功功率调为 0 左右,点击微机准同期系统的"解列"按钮,在微机励磁系统点击"灭磁"按钮,然后在微机调速系统点击"停机"按钮,最后断开所有的电源开关(一定要先"解列",再"灭磁",最后"停机")。

4.4.5　观察与思考

1. 根据实验步骤,详细分析半自动准同期并列过程。

2. 通过实验过程,比较半自动准同期与手动准同期的异同点。

4.5 自动准同期并网实验

4.5.1 实验目的

1. 加深理解同步发电机准同期并列原理,掌握准同期并列条件。

2. 掌握自动准同期装置的工作原理及使用方法。

3. 熟悉同步发电机自动准同期并列过程。

4.5.2 实验预习要求

本实验要求实现自动准同期并网。实验前预习相关内容,满足下列要求:

1. 能够简要描述自动准同期装置并列的工作原理。

2. 熟悉自动准同期并网的操作过程。

4.5.3 实验原理及测试方法

自动准同期并列装置与半自动准同期并列装置相比,增加了频差调节和压差调节功能,自动化程度大大提高。自动准同期并列装置的原理框图如图4-8所示。

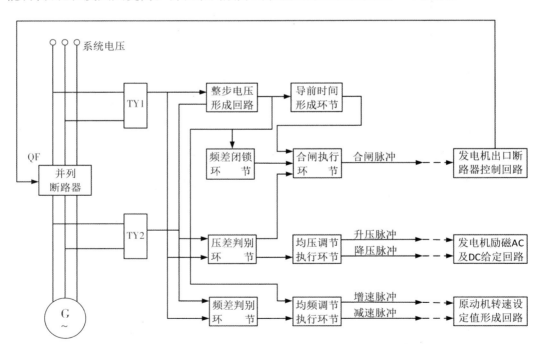

图4-8 自动准同期并列装置的原理框图

微机准同期装置具有均频调节功能,主要实现滑差方向的检测以及调整脉冲展宽,向发电机组的调速系统发出准确的调速信号,使发电机组与系统间快速达到并列的条件。

微机准同期装置具有均压调节功能,主要实现压差方向的检测以及调整脉冲展宽,向发电机组的励磁系统发出准确的调压信号,使发电机组与系统间快速达到并列的条件。在此调节过程中,需要考虑励磁系统的时间常数,电压升降平稳后,再进行一次均压控制,以使压差达到较小的数值,更有利于平稳地进行并列。

4.5.4　实验内容

1. 主实验台及控制柜启动

合上总电源开关,然后合上主电源开关,输电线路选择 XL1 和 XL3(即闭合 QFS、QF1、QF3 和 QF5),红灯亮。绿灯亮表示断路器为断开状态,红灯亮表示断路器为闭合状态,调节三相调压器,主控屏系统电压表显示 380 V。

打开微机调速系统、微机励磁系统和微机准同期系统的电源船型开关。

2. 发电机组的并列运行操作

(1)进入微机调速系统,选择"本地控制",在原动机控制方式界面选择"自动并网"进入自动并网界面。

(2)进入微机励磁系统,选择"本地控制",选择"自动并网"进入自动并网工作模式。

(3)进入微机准同期系统,选择"本地控制",在并网控制方式选择"自动并网"。

(4)在这种情况下,要满足并列条件,需要微机准同期装置自动控制微机调速装置和微机励磁装置,调节发电机电压、频率,直至电压差、频差在允许范围内,相角差在零度前某一合适位置时,微机准同期装置控制合闸按钮进行合闸。"允许压差"设置为 5 V。

(5)点击微机调速系统和微机励磁系统中的"并网"按钮,然后在微机准同期系统点击"并网"按钮。

(6)观察微机准同期装置压差、频差、相差闭锁灯的对应点亮关系,以及与旋转灯光的位置。

注意:当一次合闸过程完毕,微机准同期装置会自动解除合闸命令,避免二次合闸。此时若要再进行微机准同期并网,须点击"解列"按钮。

自动并网控制模式界面如图 4-9 所示,实验数据记录在表 4-3 中。

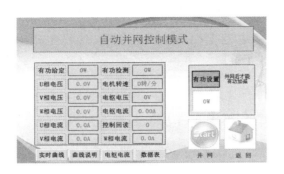

图 4-9　自动并网控制模式界面

表 4-3　实验数据记录表格

压差 $\Delta U/\text{V}$	频差 $\Delta F/\text{Hz}$	P/kW	Q/kvar
10	0.3		

3. 灭磁停机

进入微机调速系统,通过点击"有功增"或"有功减"按钮把有功功率调为 0;进入微机励磁系统,通过点击"无功增"或"无功减"按钮把无功功率调为 0,点击微机准同期系统的"解列"按钮,再在微机励磁系统点击"灭磁"按钮,然后在微机调速系统中点击"停机"按钮,最后断开所有的电源开关(一定要先"解列",再"灭磁",最后"停机")。

4.5.5　观察与思考

1. 根据实验内容分析自动准同期的工作原理及过程。

2. 分析以下参数改变对自动准同期并列的影响:导前时间、允许频差和允许压差。

3. 通过实验,比较自动准同期、半自动准同期与手动准同期的异同点。

4.6　能力指标及实现

在电力系统的运行过程中,发电机组并列操作是不可避免的。为了保证并列运行过程中电网的稳定性和安全性,电力系统的自动操作装置也是普遍存在的。因此,掌握自动操作装置的原理及使用方法是解决工程问题的基本技能之一。

本章中介绍的实验分别为自动准同期条件测试实验,压差、频差和相差闭锁与整定实验,手动准同期并网实验,半自动准同期并网实验,自动准同期并网实验。其中,前两个实验为基础操作实验,用于培训学生熟悉实验装置、了解操作过程;后三个实验为提高性实验,利用手动、半自动、自动三个过程实现了学生对于电力系统自动化操作装置的全面认识。借鉴工程认证的相关指标,将本章中涉及的实验进行分析,得出在工程认知、工程技能和工程素养等方面的能力指标,结合考核实现形式,整理成表4-4。

表4-4　能力指标对应表格

能力指标	具体内容	考核标准	考核形式
工程认知	同步发电机自动准同期的基本概念 同步发电机自动准同期的基本原理 压差、频差的概念	是否掌握专业概念和术语	预习考核
工程技能	准同期控制的理论问题	是否有检索、查阅等学习能力	预习考核
	手动、半自动、自动准同期控制的选择	是否选择并使用适当方法	实验报告
	准同期自动化装置的操作	是否正确操作自动化装置	实践操作
	压差、频差的计算与设定	是否理解专业技术并设定条件	实验报告
工程素养	实验过程中电压、功率的限制范围	是否理解电网安全的重要性	实践操作
	分组实验的讨论部分	是否与同组人员合作沟通	实践操作
	报告撰写的规范程度	是否采用标准的电气符号画图	实验报告

第5章 电力系统分析实验项目

5.1 单机-无穷大系统稳态运行方式实验

5.1.1 实验目的

1. 熟悉远距离输电的线路基本结构和参数的测试方法。

2. 掌握对称稳定工况下,输电系统的各种运行状态与运行参数的数值变化范围。

3. 掌握输电系统稳态不对称运行的条件、参数和不对称运行对发电机的影响。

5.1.2 实验预习要求

本实验属于电力系统稳态分析实验,控制对象为经典模型。实验前预习相关内容,满足下列要求:

1. 能够准确说出电压损耗、电压降落等基本概念。

2. 能够说出输电线路稳态运行的基本参数。

5.1.3 实验方案说明

单机-无穷大系统模型,是简单电力系统分析的最基本、最主要的研究对象。本实验平台建立的是一种物理模型,如图5-1所示。

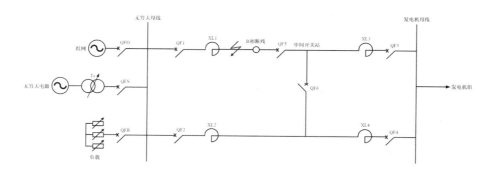

图5-1 单机-无穷大系统示意图

发电机组的原动机采用国标直流电动机模拟,但其特性与电厂的大型原动机并不相似。发电机组并网运行后,有功功率的输出大小可以通过调节直流电动机的电枢电压来调节。发电机组的三相同步发电机采用的是工业现场标准的小型发电机,参数与大型同步发电机不相似,但可将其看作一种具有特殊参数的电力系统发电机。

实验平台的输电线路是用多个接成链型的电抗线圈来模拟的,其电抗值满足相似条件。无穷大系统采用大功率三相自耦调压器,三相自耦调压器的容量远大于发电机的容量,可近似看作无穷大电源,并且可以通过调压器来模拟系统电压的波动。

实验平台提供的测量仪表可以方便的测量电压、电流、功率、功率因数、频率等电气参数。微机准同期系统上有功角显示,便于直接观察功角变化。

5.1.4　实验内容

1. 单回路与双回路对称运行比较

(1)实验台和控制柜启动。

合上总电源开关,然后合上主电源开关,输电线路选择 XL1 和 XL3(即闭合 QFS、QF1、QF3 和 QF5),红灯亮。绿灯亮表示断路器为断开状态,红灯亮表示断路器为闭合状态,调节三相调压器,主控屏系统电压表显示 380 V,主控系统界面如图 5-2 所示。

图 5-2　主控系统界面

打开微机调速系统、微机励磁系统和微机准同期系统的电源船型开关。

(2)原动机启动。

进入微机调速系统,选择"本地控制",在原动机控制方式界面选择"转速闭环",在原动机恒转速控制模式界面中点击"转速设置",输入转速 1 500 r/min(1 500 r/min 为原动机的额定转速),点击"转速启动",等待原动机转速稳定(原动机的转速不要超过 1 800 r/min,当转速超过 1 800 r/min 时应立即关闭电源开关)。

进入微机励磁系统,选择"本地控制",在他励模式下,工作方式选择"电流闭环励磁",点击"闭环启动"按钮,通过点击"电压增"或"电压减"按钮来改变发电机的线电压在 380 V 左右(可以观察主控屏发电机电压表示数为 380 V 或在触摸屏内观察 U 相电压在 220 V 左右、V 相电压在 220 V 左右、C 相电压在 220 V 左右。主控屏模拟表显示的为线电压;触摸屏屏内采集的为相电压)。主控屏模拟表发动机的线电压不要超过 420 V,触摸屏相电压不能超过 240 V。

(3)并网。

进入微机准同期系统,选择"本地控制",在控制方式选择界面选择"半自动并网",在半自动并网控制界面中点击"启动"按钮。在这种情况下,要满足并列条件,需要手动调节发电机电压、频率,直至压差、频差在允许范围内,相角差在零度前某一合适位置时,微机准同期装置控制合闸按钮进行合闸,压差闭锁和频差闭锁灯亮,表示压差、频差均满足条件,微机装置自动判断相差也满足条件时,发出合闸命令,合闸成功后,QFG 绿灯亮。

(4)单回路稳态运行。

并网后点击微机调速装置的"有功增"或"有功减"按钮,调整发电机的有功功率(有功功率不能超过 800 W);点击微机励磁装置的"无功增"或"无功减"按钮,调整发电机的无功功率,使输电系统处于不同的运行状态,为了方便实验数据的分析和比较,在调节过程中 使 U_g 在 380 V 左右(电压不能超过 420 V)。观察并记录线路首、末端的测量表计值及线路开关站的电压值,计算、分析和比较运行状态不同时,运行参数(电压损耗、电压降落、沿线电压变化、无功功率的方向等)变化的特点及数值范围,数据记录在表 5-1 中。

注意:在调节功率过程中发电机组一旦出现失步问题,立即进行相关操作,使发电机恢复同步运行状态。具体操作步骤为点击微机调速装置上的"有功减"按钮,减少有功功率;点击微机励磁装置上的"+"按钮,提高发电机电势;将单回路切换成双回路。

(5)双回路稳态运行。

实验步骤与单回路稳态运行时基本相同,只是将原来的单回路改成双回路运行。观察并将数据记录在表 5-1 中,将 2 次实验结果进行比较和分析。

(6)记录数据。

表 5-1　单回路与双回路稳态运行数据对比表

线路结构	参数							
	P/kW	Q/kvar	I_A/A	I_B/A	I_C/A	U_g/V	U_s/V	$\Delta U/\text{V}$
单回路								

表 5-1（续）

线路结构	参数							
	P/kW	Q/kvar	I_A/A	I_B/A	I_C/A	U_g/V	U_s/V	$\Delta U/\text{V}$
双回路								

2. 单回路稳态非全相运行实验

（1）在全相运行的基础上，减小发动机的有功功率和无功功率大概为零时，输送单回路稳态对称运行时相同的功率（即闭合 QFS、QF1、QF5 和 QF3）。

（2）点击微机调速装置的"有功增"或"有功减"按钮，调整发电机的有功功率（有功功率不能超过 1 000 W）；点击微机励磁装置的"无功增"或"无功减"按钮，调整发电机的无功功率，使输电系统处于不同的运行状态。为了方便实验数据的分析和比较，在调节过程中使 U_g 在 380 V 左右（电压不能超过 420 V）。

（3）在全相运行的基础上，减小发动机的有功功率和无功功率大概为零时，设置发电机出口为非全相运行，即按下 B 相（B 相断线，指示灯不亮），点击微机调速装置的"有功增"或"有功减"按钮调整发电机的有功功率（有功功率不能超过 1 000 W）；点击微机励磁装置的"无功增"或"无功减"按钮调整发电机的无功功率，使输电系统处于不同的运行状态。为了方便实验数据的分析和比较，在调节过程中使 U_g 在 380 V 左右（电压不能超过 420 V），观察并记录运行状态和参数变化情况。非全相运行按钮如图 5-3 所示，实验数据记录在表 5-2 中。

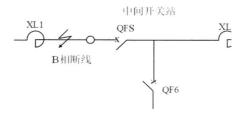

图 5-3　非全相运行按钮

表 5-2　单回路全相和非全相运行实验数据对比

运行状态	参数							
	P/kW	Q/kvar	$U_{\mathrm{gA}}/\mathrm{V}$	$U_{\mathrm{gB}}/\mathrm{V}$	$U_{\mathrm{gC}}/\mathrm{V}$	$I_{\mathrm{A}}/\mathrm{A}$	$I_{\mathrm{B}}/\mathrm{A}$	$I_{\mathrm{C}}/\mathrm{A}$
单回路全相运行								
单回路非全相运行 B 相断线								

（4）进入微机调速系统，通过点击"有功增"或"有功减"按钮把有功功率调为 0 左右；进入微机励磁系统，通过点击"无功增"或"无功减"按钮把无功功率调为 0 左右，点击微机准同期系统的"解列"按钮；进入微机励磁系统，选择"本地控制"，在他励模式下，工作方式选择"电流闭环励磁"，点击"电压启动"按钮，通过点击"电压增"或"电压减"按钮使发电机的线电压在 380 V 左右（可以观察主控屏发电机电压表示数为 380 V 或在触摸屏内观察 U 相电压在 220 V 左右，V 相电压在 220 V 左右，C 相电压在 220 V 左右。主控屏模拟表显示的为线电压；触摸屏屏内采集的为相电压）。主控屏模拟表发动机的线电压不要超过 420 V，触摸屏相电压不能超过 240 V。

5.1.5　观察与思考

1.整理实验数据，说明单回路输电和双回路输电对电力系统稳定运行的影响，并对实验结果进行理论分析。

2.根据不同运行状态的线路首、末端的实验数据，分析、比较运行状态不同时，运行参数变化的特点和变化范围。

3.比较非全相运行实验的前、后实验数据，分析输电线路各运行参数的变化。

4.分析发电机不同的控制方式对线路首、末端电压的影响。

5.2　复杂电力系统运行方式实验

5.2.1　实验目的

1. 了解和掌握对称稳定情况下,输出系统的网络结构、各种运行状态与运行参数值的变化范围。

2. 理论计算和实验分析相结合,掌握电力系统潮流的概念。

5.2.2　实验预习要求

本实验属于电力系统稳态分析实验,控制对象为复杂的电力系统模型。实验前预习相关内容,满足下列要求:

1. 能够准确说出电力系统中潮流的基本概念。

2. 能够阐述多机监控平台的具体操作步骤。

5.2.3　实验方案说明

现代电力系统电压等级越来越高,系统容量越来越大,网络结构也越来越复杂。仅用单机-无穷大系统模型来研究电力系统,不能全面反映电力系统的物理特性、潮流分布和多台发电机并列运行等。

EPS-1 型电力系统微机监控实验台是将五台 EAL-II 型电力系统综合自动化实验台的发电机组及其控制设备作为各个电源单元组成一个可变环形网络,如图 5-4 所示。

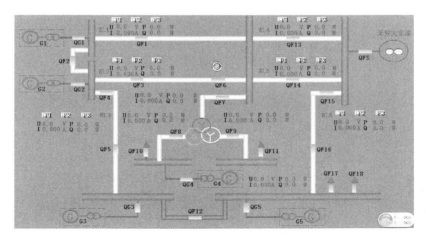

图 5-4　可变环形网络

此电力系统主网按 500 kV 电压等级来模拟,5 台发电机每台按 600 MW 等级机组来模拟,无穷大电源短路容量为 6 000 MV·A。发电机 1 站、发电机 2 站相连通过双回 400 km 长距离线路将功率送入无穷大系统,也可将母线断开分别输送功率。在距离 100 km 的中间站的母线经联络变压器与发电机 4 相连,发电机 4 站在轻负荷时向系统输送功率,而当重负荷时则从系统吸收功率,即当发电机 1 站、发电机 2 站负荷同时投入时,改变潮流方向。发电机 3 站,一方面经 70 km 短距离线与发电机 2 站相连,另一方面与发电机 5 站并联经 200 km 中距离线路与无穷大母线相连,本站还有地方负荷。

此电力网是具有多个节点的环形电力网,通过投切线路,能灵活地改变接线方式。如切除 WL3 线路,电力网则变成了一个辐射形网络;如切除 WL6 线路,则发电机 3 站、发电机 5 站要经过长距离线路向系统输送功率;如 WL3、WL6 线路都断开,则电力网变成了 T 形网络,等等。

5.2.4 实验内容

1.网络结构变化对系统潮流的影响

(1)打开 EPS 监控实验平台控制电源,打开 EPS 监控实验平台的电脑。实验平台界面如图 5-5 所示。

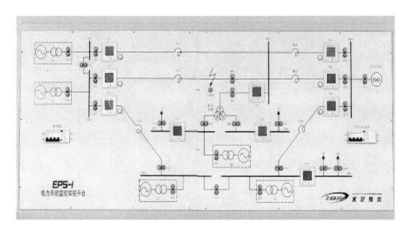

图 5-5 实验平台界面

(2)打开 EPS 总监控实验平台电脑中的力控软件,并进入运行状态。

(3)点击进入系统,选择登录用户教师。监控实验平台系统登录界面如图 5-6 所示。

(4)合上 EPS 监控实验平台无穷大电源,再合上线路上除 QF10、QF11、QF17、QF18 之外的所有的断路器。(正常工作状态下,显示灯为红色;断路状态下,显示灯为绿色。

各个表显示相电压在 220 V 左右。无穷大电源调试好后,勿动调压器)。

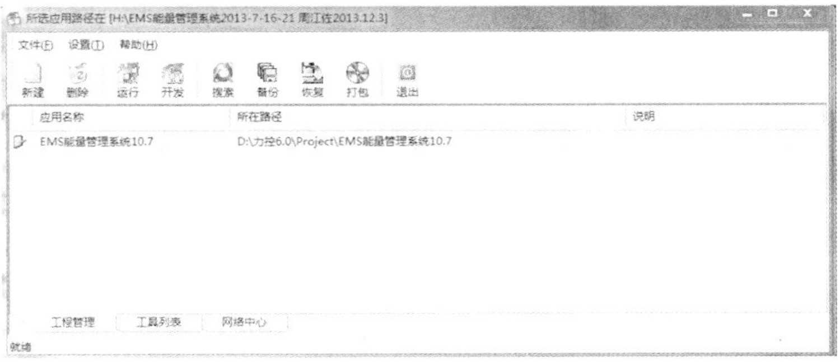

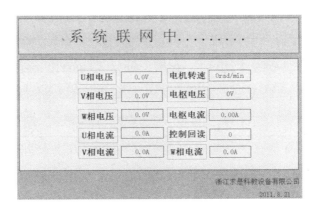

图 5-6　监控实验平台系统登录界面

(5)把五台电力系统综合自动化实验平台左侧的电源打开,显示灯均为绿色,打开下位机电脑。

(6)将各台电力系统综合自动化实验平台上的 QF0、QF1、QF5、QF3 进行合闸,即红色灯亮,观察线路情况。

(7)将控制柜的微机调速系统、微机励磁系统、微机准同期系统的电源打开,在各个系统中分别点击"远程控制"。实验台的潮流显示界面如图 5-7 所示。

图 5-7　实验台的潮流显示界面

(8)打开每台分监控实验台的力控软件,点击"运行",就会出现登录界面,不用登录。

(9)打开电脑网页,在网址对话框输入"192.168.1.2"后回车,会出现一个登录界面,选择对应的用户登录,如是 G1 就选择 G1 用户。

(10)五台电力系统登录完毕后,教师指导学生在 EPS 总监控平台电脑软件上,调出 G1~G5 发电厂,进行自动并网,等待第一台并网后,再点击第二台自动并网,依此类推。

注意:当第一台 G1 并网后,再调用 G2 并网,依此类推,一定不要同时点自动并网。当出现异常情况时,应立即关闭该台电脑的电源。实验台的并网显示界面如图 5-8 所示。

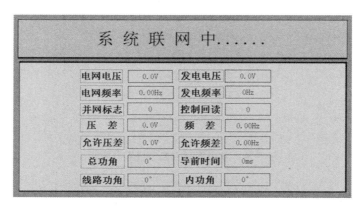

图 5-8　实验台的并网显示界面

(11)在相同的运行条件下,即各发电机的运行参数保持不变,改变网络结构,观察并记录系统中运行参数的变化,并将结果加以比较和分析。除 QF1、QF3、QF5、QF6、QF10、QF11、QF12、QF17 和 QF18 按照表 5-3 闭合(1 表示断路器合闸,0 表示断路器分闸),其余的断路器均为闭合状态。电网功率图如图 5-9 所示,遥测列表如图 5-10 所示。

表 5-3　不同网络状态下部分断路器开关状态

网络结构	断路器								
	QF1	QF3	QF5	QF6	OF10	QF11	QF12	QF17	QF18
环网	1	1	1	1	0	0	1	0	0
辐射形网	1	1	0	1	0	0	1	0	0
T 形网	1	1	1	1	0	0	0	0	0

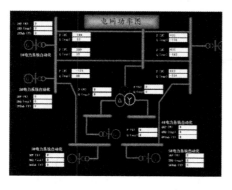

图 5-9　电网功率图

图 5-10　遥测列表

实验数据分别记录在表 5-4、表 5-5、表 5-6 和表 5-7 中。

表 5-4　网络结构变化前（环网）

实验参数	G1	G2	G3	G4	G5	PZ1 ~ PZ10
U（发电机电压）/V						
P（发电机有功功率）/kW						
Q（发电机无功功率）/kvar						

表 5-5　网络结构变化后（环网）

实验参数	G1	G2	G3	G4	G5	PZ1 ~ PZ10
U（发电机电压）/V						
P（发电机有功功率）/kW						
Q（发电机无功功率）/kvar						

表 5-6　网络结构变化后（辐射形网）

实验参数	G1	G2	G3	G4	G5	PZ1 ~ PZ10
U（发电机电压）/V						
P（发电机有功功率）/kW						
Q（发电机无功功率）/kvar						

表 5-7　网络结构变化后（T 形网）

实验参数	G1	G2	G3	G4	G5	PZ1 ~ PZ10
U（发电机电压）/V						
P（发电机有功功率）/kW						
Q（发电机无功功率）/kvar						

（12）记录完数据后，进行"停机"操作步骤。在 EPS 监控实验平台，教师所控制的电脑进入如图 5-11 所示的界面，在此界面点击"G1"，进入如图 5-12 所示的界面。

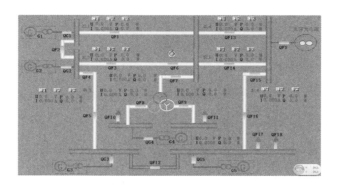

图 5-11　多台发电机并网界面

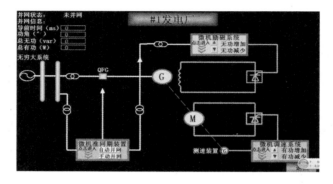

图 5-12　单发电厂的控制界面

　　点击"无功增加""无功减少"等按钮,将该系统功率调为零左右,在此界面点击"微机准同期装置",进入如图 5-13 所示界面,点击"解列"后再点击"停止"。

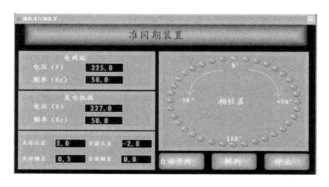

图 5-13　准同期装置界面

　　G2～G3 停机操作重复以上步骤。五台电机组都停下来后,断开电力系统实验平台断路器(显示灯为绿色),关闭各台电脑,断开电源。拉下 EPS 监控实验平台无穷大电源,退出 EPS 监控实验平台力控软件,关闭电脑,断开所有的断路器,断开控制电源。

2. 电力系统负荷调整实验

（1）五个发电厂并网后，投入不同性质的负荷和改变负荷的大小都会对系统运行有影响。在相同的运行条件下，即各发电机的运行参数保持不变，改变网络结构，观察并记录系统中运行参数的变化，并将结果加以比较和分析。除 QF1、QF3、QF5、QF6、QF10、QF11、QF17 和 QF18 按照表 5-8 闭合（1 表示断路器合闸，0 表示断路器分闸），其余的断路器均为闭合状态。不同负荷投入下断路器的开关状态如表 5-9。

表 5-8　不同网络结构下部分断路器开关状态

网络结构	断路器							
	QF1	QF3	QF5	QF6	OF10	QF11	QF17	QF18
环网	1	1	1	1	0	0	0	0
辐射形网	1	1	0	1	0	0	0	0

表 5-9　不同负荷投入下断路器开关状态

负载	断路器							
	QF1	QF3	QF5	QF6	OF10	QF11	QF17	QF18
LD1（纯阻性定值负载）	1	1	1	1	1	0	0	0
LD2（阻感性定值负载）	1	1	1	1	0	1	0	0
LD3（纯感性负载）	1	1	1	1	0	0	1	0
LD4（阻性负载）	1	1	1	1	0	0	0	1

注：联络变压器容量 $S = 2.5$ kV·A，接线组别为 Y0/Y0/△；短路阻抗百分比 $U_k = 13\%$；变比为 380 V/380 V；LD3 的参数可以通过断路器倒换；LD4 的参数可以通过可调桌面手柄调节。

实验数据分别记录在表 5-10、表 5-11、表 5-12、表 5-13 和表 5-14 中。

表 5-10　没有投入负荷

实验参数	G1	G2	G3	G4	G5	PZ1 ~ PZ7
U（发电机电压）/V						
P（发电机有功功率）/kW						
Q（发电机无功功率）/kvar						

表 5-11　只投入负荷 LD1

实验参数	G1	G2	G3	G4	G5	PZ1 ~ PZ7
U（发电机电压）/V						
P（发电机有功功率）/kW						
Q（发电机无功功率）/kvar						

表5-12　只投入负荷LD2

实验参数	G1	G2	G3	G4	G5	PZ1～PZ7
U(发电机电压)/V						
P(发电机有功功率)/kW						
Q(发电机无功功率)/kvar						

表5-13　只投入负荷LD3

实验参数	G1	G2	G3	G4	G5	PZ1～PZ7
U(发电机电压)/V						
P(发电机有功功率)/kW						
Q(发电机无功功率)/kvar						

表5-14　只投入负荷LD4

实验参数	G1	G2	G3	G4	G5	PZ1～PZ7
U(发电机电压)/V						
P(发电机有功功率)/kW						
Q(发电机无功功率)/kvar						

（2）记录完数据后,进行"停机"操作步骤。之后的操作步骤与"网络结构变化对系统潮流的影响"实验中的（12）类似。

5.2.5　观察与思考

1. 整理实验数据,分析比较网络结构的变化和地方负荷投切对潮流分布的影响,并对实验结果进行理论分析。

2. 分析不同的输电线路对发电厂的影响。

3. 不同的网络结构下,功率会发生怎样的变化?

4. 影响静态稳定性的因素有哪些?

5.3　电力系统功率特性和功率极限实验

5.3.1　实验目的

1. 理解发电机功率特性和功率极限的概念。

2. 通过实验了解提高电力系统功率极限的措施。

5.3.2　实验预习要求

本实验用于验证功率极限问题。实验前预习相关内容,满足下列要求:

1. 能够准确说出功率特性和功率极限等基本概念。

2. 能够简述调节发电机功率输出的具体操作步骤。

5.3.3　实验原理说明

图 5-14 为一个简单电力系统的等值电路及相量图,其中发电机通过升压变压器 T1、输电线路和降压变压器 T2 接到无限大容量系统,为了分析方便,往往不计各元件的电阻和导纳。

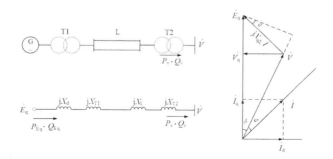

图 5-14　简单电力系统的等值电路及相量图

设发电机至系统 d 轴和 q 轴的总电抗分别为 $X_{d\Sigma}$ 和 $X_{q\Sigma}$,隐极发电机功率的功率特性和发电机电势 E_q 点的功率分别为

$$P_{E_q} = \frac{E_q U}{X_{d\Sigma}} \sin \delta$$

$$Q_{E_q} = \frac{E_q^2}{X_{d\Sigma}} - \frac{E_q V}{X_{d\Sigma}} \cos \delta$$

发电机输送到系统的功率为

$$P_v = \frac{E_q V}{X_{d\Sigma}} \sin \delta$$

$$Q_v = \frac{E_q V}{X_{d\Sigma}} \cos \delta - \frac{V^2}{X_{d\Sigma}}$$

发电机无调节励磁时,电势 E_q 为常数,则

$$P_{E_q \cdot m} = \frac{E_q V}{X_{d\Sigma}}$$

当发电机装有励磁调节器时,为了维持发电机端压水平,发电机电势 E_q 随运行情况而变化。

凸极发电机功率的功率特性为

$$P_{E_q} = \frac{E_q V}{X_{d\Sigma}} \sin \delta + \frac{V^2}{2} \cdot \frac{X_{d\Sigma} - X_{q\Sigma}}{X_{d\Sigma} X_{q\Sigma}} \sin 2\delta$$

随着电力系统的发展和扩大,电力系统的稳定性问题更加突出,而提高电力系统稳定性和输送能力的重要手段之一是尽可能提高电力系统的功率极限。从简单电力系统功率极限的表达式来看,提高功率极限的方法有:①通过发电机装设性能良好的励磁调节器以提高发电机电势、增加并联运行线路回路数;②通过串联电容补偿等手段以减少系统电抗,使受端系统维持较高的运行电压水平;③输电线采用中继同步调相机、中继电力系统等以稳定系统中继点电压。

5.3.4 实验内容

1. 无励磁调节下的功率特性和功率极限实验

(1)合上总电源开关,然后合上主电源开关,输电线路选择 XL1 和 XL3(即闭合 QFS、QF1、QF3 和 QF5),红灯亮。绿灯亮表示断路器为断开状态,红灯亮表示断路器为闭合状态,调节三相调压器,主控屏系统电压表显示 380 V。

(2)打开微机调速系统、微机励磁系统和微机准同期系统的电源船型开关。

(3)进入微机调速系统,选择"本地控制",在原动机控制方式界面选择"转速闭环",在原动机恒转速控制模式界面中点击"转速设置",输入转速 1 500 r/min(1 500 r/min 为原动机的额定转速),点击"转速启动",等待原动机转速稳定(原动机的转速不要超过 1 800 r/min,当转速超过 1 800 r/min 时应立即关闭电源开关)。

(4)进入微机励磁系统,选择"本地控制",在他励模式下,工作方式选择"电压闭环励磁",点击"恒 U_g 启动"按钮,通过点击"电压增"或"电压减"按钮改变发电机的线

电压在 380 V 左右。主控屏模拟表发动机的线电压不要超过 420 V,触摸屏相电压不能超过 240 V。

（5）观察微机准同期装置压差闭锁的变化情况。若压差闭锁灯亮,点击微机励磁装置上的“－”按钮进行降压,直至压差闭锁灯灭,此调节过程中,观察并记录压差变化情况。进入微机准同期系统,选择“本地控制”,在控制方式选择界面选择“半自动并网”,在半自动并网控制界面点击“启动”按钮,在这种情况下,要满足并列条件,需要手动调节发电机电压、频率,直至电压差、频差在允许范围内,相角差在零度前某一合适位置时,微机准同期装置控制合闸按钮进行合闸。

（6）发电机与系统并网后,在调速系统中通过点击“有功增”或“有功减”按钮,使发电机输出有功功率在 0 左右(功率可在微机励磁系统中查看)。

（7）在有功功率为零的情况下,将微机调速装置的功角设为零(功角可在微机准同期系统中读取)。

（8）逐步增大发电机输出的有功功率,观察并记录系统中运行参数的变化,填入表 5-15 中。

注意:在功率调节过程中,有功功率应缓慢调节,每次点击“有功增”或“有功减”后,需等待一段时间,特别是在临界值附近,待系统稳定后再读取数据,以取得准确的测量数值。在调节功率过程中一旦出现失步问题,应立即使发电机恢复同步运行状态,具体操作为点击微机调速装置上的“－”按钮,减小有功功率。

表 5-15　单回线测试数据

δ(总功角)(准同期系统)	0°	10°	30°	50°	60°	80°	90°
P(有功功率)(励磁系统)/kW							
Q(无功功率)(励磁系统)/kvar							
U_L(励磁电压)(励磁系统)/V							
I_L(励磁电流)(励磁系统)/A							
I_a(A 相电流)(励磁系统)/A							
I_b(B 相电流)(励磁系统)/A							
I_c(C 相电流)(励磁系统)/A							
U_s(系统电压)(准同期系统)/V							
U_g(发电机电压)(准同期系统)/V							

（9）把功率减到零，将单回线改为双回线（闭合 QFS、QF1、QF3、QF5、QF2、QF4，红灯亮），逐步增加发电机输出的有功功率，观察并记录系统中运行参数的变化，填入表 5-16 中。

注意：在功率调节过程中，有功功率应缓慢调节，每次点击"有功增"或"有功减"后，需等待一段时间，特别是在临界值附近，待系统稳定后再读取数据，以取得准确的测量数值。在调节功率过程中一旦出现失步问题，应立即使发电机恢复同步运行状态，具体操作为点击微机调速装置上的"-"按钮，减小有功功率。

表 5-16　双回线测试数据

δ（总功角）（准同期系统）	0°	10°	30°	50°	60°	80°	90°
P（有功功率）（励磁系统）/kW							
Q（无功功率）（励磁系统）/kvar							
U_L（励磁电压）（励磁系统）/V							
I_L（励磁电流）（励磁系统）/A							
I_a（A 相电流）（励磁系统）/A							
I_b（B 相电流）（励磁系统）/A							
I_c（C 相电流）（励磁系统）/A							
U_s（系统电压）（准同期系统）/V							
U_g（发电机电压）（准同期系统）/V							

（10）进入微机调速系统，通过点击"有功增"或"有功减"按钮把有功功率调为 0 左右；进入微机励磁系统，通过点击"无功增"或"无功减"按钮把无功功率调为 0 左右，点击微机准同期系统的"解列"按钮，再在微机励磁系统点击"灭磁"按钮，然后在微机调速系统点击"停机"按钮，最后断开所有的电源开关（一定要先"解列"，再"灭磁"，最后"停机"）。

2. 自动调节励磁时，功率特性和功率极限的测定

（1）合上总电源开关，合上主电源开关，输电线路选择 XL1 和 XL3（即闭合 QFS、QF1、QF3 和 QF5），红灯亮。绿灯亮表示断路器为断开状态，红灯亮表示断路器为闭合状态，调节三相调压器，主控屏系统电压表显示 300 V。

（2）打开微机调速系统、微机励磁系统和微机准同期系统的电源船型开关。

（3）进入微机调速系统，选择"本地控制"，在原动机控制方式界面选择"转速闭环"，在原动机恒转速控制模式界面中点击"转速设置"，输入转速 1 500 r/min（1 500 r/min 为原动机的额定转速），点击"转速启动"，等待原动机转速稳定（原动机的转速不要超

过 1 800 r/min,当转速超过 1 800 r/min 时应立即关闭电源开关)。

（4）进入微机励磁系统,选择"本地控制",在他励模式下,工作方式选择"电压闭环励磁",点击"恒 U_g 启动"按钮,通过点击"电压增"或"电压减"按钮改变发电机的线电压在 380 V 左右(主控屏模拟表发动机的线电压不要超过 420 V,触摸屏相电压不能超过 240 V)。

（5）观察微机准同期装置压差闭锁的变化情况。若压差闭锁灯亮,点击微机励磁装置上的"−"按钮进行降压,直至压差闭锁灯灭,此调节过程中,观察并记录压差变化情况。进入微机准同期系统,选择"本地控制",在控制方式选择界面选择"半自动并网",在半自动并网控制界面点击"启动"按钮,在这种情况下,要满足并列条件,需要手动调节发电机电压、频率,直至电压差、频差在允许范围内,相角差在零度前某一合适位置时,微机准同期装置控制合闸按钮进行合闸。

（6）发电机与系统并网后,在调速系统中通过点击"有功增"或"有功减"按钮,使发电机输出的有功功率在 0 左右(功率在微机励磁系统中可以查看)。

（7）逐步增加发电机输出的有功功率,观察并记录系统中运行参数的变化,填入表 5-17 中。功角可以通过微机准同期装置读取。

注意:在功率调节过程中,有功功率应缓慢调节,每次点击"有功增"或"有功减"后,需等待一段时间,特别是在临界值附近,待系统稳定后再读取数据,以取得准确的测量数值。在调节功率过程中一旦出现失步问题,应立即使发电机恢复同步运行状态,具体操作为点击微机调速装置上的"−"按钮,减小有功功率。

表 5-17　单回线测试数据（U_s = 300 V）

δ（总功角）（准同期系统）	0°	10°	30°	50°	60°	80°	90°
P（有功功率）（励磁系统）/kW							
Q（无功功率）（励磁系统）/kvar							
U_L（励磁电压）（励磁系统）/V							
I_L（励磁电流）（励磁系统）/A							
I_a（A 相电流）（励磁系统）/A							
I_b（B 相电流）（励磁系统）/A							
I_c（C 相电流）（励磁系统）/A							
U_s（系统电压）（准同期系统）/V							
U_g（发电机电压）（准同期系统）/V							

（8）把功率减到零，将单回线改为双回线（闭合 QFS、QF1、QF3、QF5、QF2、QF4）。

（9）逐步增加发电机输出的有功功率，观察并记录系统中运行参数的变化，填入表 5-18 中。

表 5-18　双回线测试数据（$U_s = 300$ V）

δ（总功角）（准同期系统）	0°	10°	30°	50°	60°	80°	90°
P（有功功率）（励磁系统）/kW							
Q（无功功率）（励磁系统）/kvar							
U_L（励磁电压）（励磁系统）/V							
I_L（励磁电流）（励磁系统）/A							
I_a（A 相电流）（励磁系统）/A							
I_b（B 相电流）（励磁系统）/A							
I_c（C 相电流）（励磁系统）/A							
U_s（系统电压）（准同期系统）/V							
U_g（发电机电压）（准同期系统）/V							

（10）进入微机调速系统，通过点击"有功增"或"有功减"按钮把有功功率调为 0 左右；进入微机励磁系统，通过点击"无功增"或"无功减"按钮把无功功率调为 0 左右，点击微机准同期系统的"解列"按钮，再在微机励磁系统中点击"灭磁"按钮，然后在微机调速系统中点击"停机"按钮，最后断开所有的电源开关（一定要先"解列"，再"灭磁"，最后"停机"）。

5.3.5　观察与思考

1. 根据实验数据，作出各种运行方式下的 $P(\delta)$，$Q(\delta)$ 特性曲线，并加以分析。

2. 通过实验记录分析的结果对功率极限的原理进行阐述，同时将理论计算和实验记录进行对比，说明产生误差的原因。

3. 分析、比较各种运行方式下发电机的功角特性曲线和功率极限各有什么特点。

4. 根据实验过程，分析功角指示器的工作原理。

5. 根据实验数据分析无功功率随有功功率增加而变化的原因。

6. 根据实验数据分析提高系统静态稳定性的措施有哪些。

7. 实验中，当发电机濒临失步时应采取哪些挽救措施才能避免电机失步？

5.4　电力系统暂态稳定性实验

5.4.1　实验目的

1. 通过实验加深对电力系统暂态稳定内容的理解。

2. 通过实际操作,从实验中观察系统失步现象并掌握正确的处理措施。

3. 了解提高暂态稳定的措施。

5.4.2　实验预习要求

本实验为观察电力系统暂态稳定的状态。实验前预习相关内容,满足下列要求:

1. 能够准确说出暂态稳定性的基本定义。

2. 能够准确掌握失步等基本概念。

3. 能够准确区分短路的基本类型。

5.4.3　实验原理及测试方法

电力系统暂态稳定问题是指电力系统受到较大的扰动之后,各发电机能否继续保持同步运行的问题。引起电力系统大扰动的原因主要有以下几种:

1. 负荷的突然变化,如投入或切除大容量的负荷。

2. 投入或切除系统的主要元件,如发电机,变压器等。

3. 发生短路故障。

其中短路故障的扰动最为严重,因此常以此作为检验系统是否具有暂态稳定的条件。

简单电力系统在输电线首端发生短路时的等值电路图如图 5-15 所示,下面分析其暂态过程。

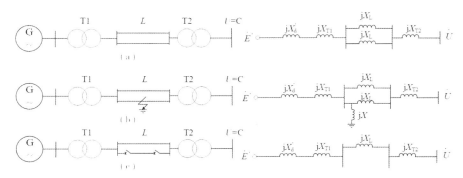

图 5-15　简单电力系统不同运行状态及其等值电路图

正常运行时发电机的功率特性为

$$P_{\mathrm{I}} = (E_o \times U_o) \times \sin \delta / X_1 = P_{\mathrm{mI}} \sin \delta$$

短路运行时发电机的功率特性为

$$P_{\mathrm{II}} = (E_o \times U_o) \times \sin \delta / X_2 = P_{\mathrm{mII}} \sin \delta$$

故障切除后发电机的功率特性为

$$P_{\mathrm{III}} = (E_o \times U_o) \times \sin \delta / X_3 = P_{\mathrm{mIII}} \sin \delta$$

根据上面三个公式可知,功率特性发生变化与阻抗和功角特性有关。而系统保持稳定的条件是切除故障角 δ_c 小于最大摇摆角 $\delta_{\max}$,在不计能量损耗时,根据等面积原则可简便地确定 $\delta_{\max}$。

基于上述原理,在本实验中,设置不同短路状态,使系统阻抗 X_2 不同。同时切除故障线路不同也使 X_3 不同,$\delta_{\max}$ 也不同,导致极限切除故障时间不同,使对故障切除的时间要求也不同。在实验过程中,可以研究提高电力系统暂态稳定性的措施,如在短路发生后,改变继电保护装置切除故障的时间、发电机采用强励措施和采用重合闸等措施。

在本实验平台上,通过对操作台上的短路故障的设置单元中短路按钮的组合设置,可对某一固定点,进行单相接地短路、两相相间短路、两相接地短路和三相短路实验。测定不同短路故障下,能保持系统稳定时发电机所能输出的最大功率。

5.4.4　实验内容与步骤

1. 实验台和控制柜启动

合上总电源开关,合上主电源开关,输电线路选择 XL1 和 XL3(即闭合 QFS、QF1、QF3 和 QF5),红灯亮。绿灯亮表示断路器为断开状态,红灯亮表示断路器为闭合状态,调节三相调压器,主控屏系统电压表显示 300 V。

打开微机调速系统、微机励磁系统和微机准同期系统的电源船型开关。

2. 原动机启动

进入微机调速系统,选择"本地控制",在原动机控制方式界面选择"转速闭环",在原动机恒转速控制模式界面中点击"转速设置",输入转速 1 500 r/min(1 500 r/min 为原动机的额定转速),点击"转速启动",等待原动机转速稳定(原动机的转速不要超过 1 800 r/min,当转速超过 1 800 r/min 时应立即关闭电源开关)。

进入微机励磁系统,选择"本地控制",在他励模式下,工作方式选择"电压闭环励磁",点击"恒 U_g 启动"按钮,通过点击"电压增"或"电压减"按钮改变发电机的线电压在 380 V

左右。主控屏模拟表发动机的线电压不要超过 420 V,触摸屏相电压不能超过 240 V。

3. 半自动并网

进入微机准同期系统,选择"本地控制",在控制方式选择界面选择"半自动并网",在半自动并网控制界面中点击"启动"按钮。在这种情况下,要满足并列条件,需要手动调节发电机电压、频率,直至压差、频差在允许范围内,相角差在零度前某一合适位置时,微机准同期装置控制合闸按钮进行合闸,压差闭锁和频差闭锁灯亮,表示压差、频差均满足条件,微机装置自动判断相差也满足条件时,发出合闸命令。合闸成功后,QFG 绿灯亮。

发电机与系统并网后,在微机调速系统中通过点击"有功增"或"有功减"按钮,使发电机输出的有功功率在 0 左右(功率在微机励磁系统中可以查看)。

4. 设置短路故障

在主控屏上整定短路时间范围为 0～50 ms,用于短路故障设置及短路极限功率的测定;在微机调试系统中调节发电机,使其输出一定的有功功率,然后投入短路,按下短路故障,如果发电机不失步,退出短路故障,在微机调速系统中继续增加有功功率,再投入短路故障,直至找到发电机短路时输出的最大功率(数值只是大概,具体功率大小个表有波动性)。将实验数据记录在表 5-19 中。

表 5-19　单相接地短路(A 相接地短路)测试数据

QF1	QF5	QF3	QF2	QF4	QF6	P_{max}/W	Q_{max}/var
1	1	1	0	0	0		
1	1	1	0	1	1		
1	1	1	1	0	1		
1	1	1	1	1	1		

注:"0"表示对应线路断路器为断开状态,"1"表示对应线路断路器为闭合状态;红灯亮表示线路断路器为闭合状态,绿灯亮表示线路断路器为断开状态。

学生可以自行确定系统初始运行条件,但为了实验的安全和可靠性起见,初始运行状态不宜超过半负荷。如图 5-16 所示,实验台有多种短路和回路,可以自行选择。

图 5-16　实验台短路故障按钮

在调节功率过程中一旦出现失步问题,应立即使发电机恢复同步运行状态。具体操作为迅速退出短路故障,点击微机调速装置上的"−"按钮,减小有功功率;单回路切换成双回路。

在微机调速系统中通过点击"有功增"或"有功减"按钮,使发电机输出的有功功率在 0 左右,切换到 A 相与 B 相短路的回路。在微机调速系统中通过点击"有功增"或"有功减"按钮,使发电机输出一定的有功功率,然后投入短路;按下短路故障,如果发电机不失步,退出短路故障,在微机调速系统中继续增加有功功率,再投入短路故障,直至找到发电机短路时输出的最大功率。将实验数据记录在表 5-20 中。

表 5-20　两相相间短路(A 相与 B 相短路)测试数据

QF1	QF5	QF3	QF2	QF4	QF6	P_{max}/W	Q_{max}/var
1	1	1	0	0	0		
1	1	1	0	1	1		
1	1	1	1	0	1		
1	1	1	1	1	1		

注:"0"表示对应线路断路器为断开状态,"1"表示对应线路断路器为闭合状态;红灯亮表示线路断路器为闭合状态,绿灯亮表示线路断路器为断开状态。

在微机调速系统中通过点击"有功增"或"有功减"按钮使发电机输出的有功功率在 0 左右,切换到 A 相与 B 相同时接地短路的回路。在微机调速系统中通过点击"有功增"或"有功减"按钮,使发电机输出一定的有功功率,然后投入短路;按下短路故障,如果发电机不失步,退出短路故障,在微机调速系统中继续增加有功功率,再投入短路故障,直至找到发电机短路时输出的最大功率。将实验数据记录在表 5-21 中。

表 5-21　两相接地短路(A 相与 B 相同时接地短路)测试数据

QF1	QF5	QF3	QF2	QF4	QF6	P_{max}/W	Q_{max}/var
1	1	1	0	0	0		
1	1	1	0	1	1		
1	1	1	1	0	1		
1	1	1	1	1	1		

注:"0"表示对应线路断路器为断开状态,"1"表示对应线路断路器为闭合状态;红灯亮表示线路断路器为闭合状态,绿灯亮表示线路断路器为断开状态。

出于安全考虑,本实验暂不进行三相短路实验。

进入微机调速系统,通过点击"有功增"或"有功减"按钮把有功功率调在 0 左右,进入微机励磁系统,通过点击"无功增"或"无功减"按钮把无功功率调在 0 左右时,点击微机准同期系统的"解列"按钮,在微机励磁系统点击"灭磁"按钮,然后在微机调速系统点击"停机"按钮,最后断开所有的电源开关(一定要先"解列",再"灭磁",最后"停机")。

5.4.5　观察与思考

1. 整理不同短路类型下获得的实验数据,通过对比,对不同短路类型进行定性分析,详细说明不同短路类型和短路点对系统的稳定性的影响。

2. 通过实验中观察到的现象,说明提高电力系统暂态稳定性的措施有哪些,以及如何进行相关操作提高发电机的暂态功率极限。

3. 处理发电机失步的方法有哪些,理论依据是什么?

4. 发电机组失步后,会有什么严重后果?

5.5　能力指标及实现

电力系统分析包括电力系统的稳态、暂态分析,是电力系统稳定性的基本分析。本章介绍了四个实验,分别是单机-无穷大系统稳态运行方式实验、复杂电力系统运行方式实验、电力系统功率特性和功率极限实验、电力系统暂态稳定性实验。内容从稳态分析到暂态分析,网络结构从简单到复杂,学生可以由浅入深逐步了解电力系统的基本情况,研究影响电力系统状态的各种因素。借鉴工程认证的相关指标,将本章中涉及的实验进行分析,得出在工程认知、工程技能、工程应用和工程素养等方面的能力指标,结合考核实现形式,整理成表5-22。

表 5-22　能力指标对应表格

能力指标	具体内容	考核标准	考核形式
工程认知	单机-无穷大网络结构特点	是否掌握专业概念和术语	预习考核
	潮流的概念;潮流分析计算方法		
	暂态稳定性原理		
	功率特性和功率极限概念		

表 5-22（续）

能力指标	具体内容	考核标准	考核形式
工程技能	暂态稳定性的理论问题	是否有检索、查阅等学习能力	预习考核
	潮流分析的计算	是否选择并使用适当方法	实验报告
	准同期自动化装置的操作	是否正确操作自动化装置	实践操作
	负荷投切的限制	是否理解专业技术并设定条件	实验报告
工程应用	发电机组失步的问题辨别和解决办法	是否能辨析工程问题并解决	实验报告
	网络结构和负荷变化引起的影响		
工程素养	实验过程中电压、功率的限制范围	是否理解电网安全的重要性	实践操作
	分组实验的讨论积极性	是否与同组人员合作沟通	实践操作
	报告撰写的规范程度	是否采用标准的电气符号画图	实验报告

第6章　电力系统继电保护实验项目

6.1　电流继电器特性实验

6.1.1　实验目的

1. 了解常规继电器的构造及工作原理。

2. 掌握设置电流继电器动作定值的方法。

3. 学会用微机型继电保护试验测试仪测试电流继电器的动作值、返回值和返回系数。

6.1.2　实验预习要求

本实验属于基本器件特性实验,研究对象为电流继电器。实验前预习相关内容,满足下列要求:

1. 能够准确说出继电器的基本分类。

2. 能够详细说出电流继电器的基本特性。

6.1.3　实验方案说明

DL-31 型电流继电器用于电机、变压器及输电线的过负荷和短路保护中,作为启动元件。DL-31 型电流继电器是电磁式继电器,当加入继电器的电流升至整定值或大于整定值时,继电器就动作,动合触点(又称常开触点)闭合,动断触点(又称常闭触点)断开;当电流降低到 0.8 倍整定值左右时,继电器返回,动合触点断开,动断触点闭合。

继电器有两组电流线圈,可以分别接成并联和串联方式,接成并联时,继电器动作电流可以扩大一倍。继电器接线端子如图 6-1 所示,串联接线方式为将④、⑥短接,在②、⑧之间加入电流;并联接线方式为将②、④短接,⑥、⑧短接,在②、⑧之间加入电流。本实验中的电流继电器默认为串联方式。

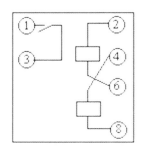

图 6-1　DL-31 型电流继电器接线端子

图 6-2 和图 6-3 分别为手动测试和自动测试条件下电流继电器特性测试实验接线图。将测试仪产生的任意一相电流信号(如 I_a)与电流继电器的电流输入端子 I_1、I_N 连接,如图 6-2 所示。在自动测试中,继电器的动作开入连接到测试仪的任意一对开入上(注意极性,接线柱的颜色要相同,图 6-3 中将继电器的动作开入连接到开关量输入 1 上),同时连接到信号灯的控制回路中。图中"+24 V""24 VGND"为实验台上提供的直流电源,"A""K"为信号灯接线端子。信号灯可任选红色指示灯或绿色指示灯。

测试方法:控制测试仪的输出,从小到大动态地改变加入电流继电器中的电流,直至其动作;再减小电流直至其返回,测试电流继电器的动作值、返回值和返回系数。可采用自动测试方法,也可采用手动测试方法。

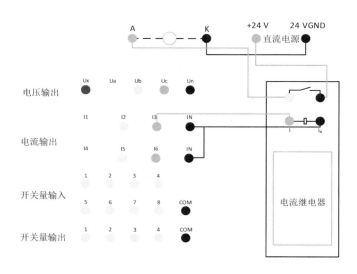

图 6-2　电流继电器特性测试实验接线图(手动测试)

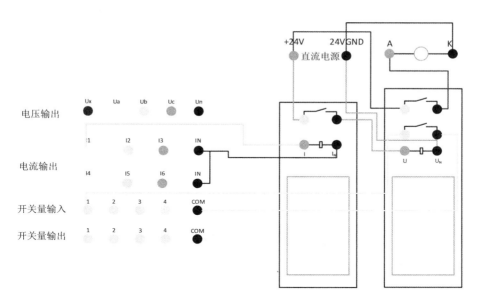

图 6-3　电流继电器特性测试实验接线图（自动测试）

6.1.4　实验内容与步骤

1. 实验界面说明

图 6-4 为微机型继电保护试验测试仪的功能界面，本实验使用的为"通用测试界面"，点击后进入图 6-5 所示的继电保护特性测试系统。

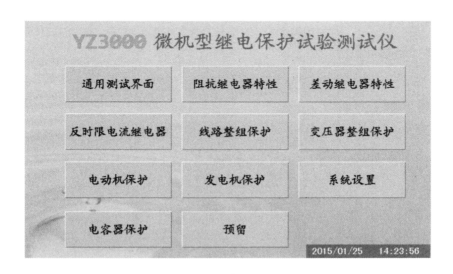

图 6-4　微机型继电保护试验测试仪的功能界面

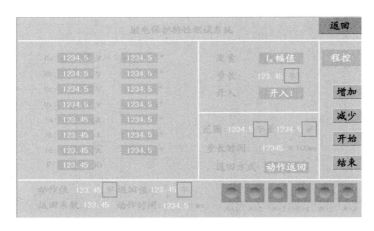

图 6-5 继电保护特性测试系统

2. 按表 6-1 实验步骤进行实验

表 6-1 电流继电器特性测试实验步骤

序号	步骤	详细做法
1	整定值设定	拧下电流继电器面板螺丝,打开电流继电器面板前盖,拨动定值设定指针,可设定电流继电器的整定值,首先设置电流继电器整定值为 3.5 A。
2	手动测试控制参数的设置	打开 YZ3000 微机型继电保护试验测试仪电源开关,进入功能界面,如图 6-4。
		选择"通用测试界面",进入"继电保护特性测试系统"界面,如图 6-5。
		在"控制方式"区选择"手动"方式,在控制"变量"区选择"I_a 幅值";"开入"量输入接口序号中选择"开入 1",变化"步长"选择 0.05 A。
		在"输出参数"区设置测试仪的变量初始值。(注:变量初始值应小于继电器的动作整定值)
3	手动测试过程	按"开始"按钮,控制测试仪输出设定的电流。按"增加"按钮,使测试仪按设定的步长不断增加输出,直至测试仪采集到动作信号,即电流继电器动作,并在实验结果的动作值栏中显示动作值。
		按"减少"按钮,使测试仪按设定的步长减少电流的输出,直至电流继电器返回,测试仪采集到返回信号,并在实验结果的返回值栏中显示返回值和自动计算的返回系数。
		不改变继电器整定值,重复实验,测四组数据,分别填入表 6-2 中,并计算整定值的误差、变差及返回系数。
		改变电流继电器的整定值为 4.5 A,再次测继电器的动作值、返回值和返回系数,与表 6-2 结果比较后填入表 6-3。
4	自动测试控制参数的设置	在通用测试界面的"控制方式"区选择"程控"方式。
		"变量"和"开入"设置同手动测试;变化"范围"设置为变量变化的范围,注意其值应能覆盖继电器的动作值和返回值;"步长时间"的设置应大于继电器的动作(或返回)时间,建议不要低于 0.5 s;"返回方式"设置为"动作返回"。
5	自动测试过程	按"开始试验"按钮,控制测试仪按照设置的方式从小到大输出电流,确认继电器动作后,则反方向从大到小调节变量值直至继电器动作返回,并最终将结果显示在数值区。

6.1.5　实验数据记录

误差＝（最小动作值－整定值）／整定值×100%

变差＝（最大动作值－最小动作值）／四次动作平均值×100%

返回系数＝返回平均值／动作平均值

将手动方式测量电流继电器特性的实验数据记录在表 6-2 中，将程控方式测量电流继电器特性的实验数据记录在表 6-3 中。

表 6-2　手动方式测量电流继电器特性的实验数据

参数	整定值 3.5 A		整定值 4.5 A	
	动作值/A	返回值/A	动作值/A	返回值/A
1				
2				
3				
4				
平均值/A				
误差/%				
变差/%				
返回系数				

表 6-3　程控方式测量电流继电器特性的实验数据

参数	整定值 3.5 A		整定值 4.5 A	
	动作值/A	返回值/A	动作值/A	返回值/A
1				
2				
3				
4				
平均值/A				
误差/%				
变差/%				
返回系数				

6.1.6　观察与思考

1. 电磁型电流继电器的动作电流与哪些因素有关？

2. 什么是电流继电器的返回系数？返回系数的高低对电流保护的整定有何影响？

6.2 电压继电器特性实验

6.2.1 实验目的

1. 了解常规继电器的构造及工作原理。

2. 掌握设置电压继电器动作定值的方法。

3. 学会用微机型继电保护试验测试仪测试继电器的动作值、返回值和返回系数。

6.2.2 实验预习要求

本实验属于基本器件特性实验,研究对象为电压继电器。实验前预习相关内容,满足下列要求:

1. 能够准确说出电压继电器的基本分类。

2. 能够详细说出电压继电器的基本特性。

6.2.3 实验方案说明

DY-36 型电压继电器用于继电保护线路中,作为低电压闭锁的动作元件。DY-36 型电压继电器是电磁式电压继电器,当加入继电器的电压降低到整定电压时,继电器动作,动断触点(又称常闭触点)闭合,动合触点(又称常开触点)断开;当加入继电器的电压超过整定电压时,继电器动合触点闭合,动断触点断开。如果利用电压继电器的动断触点控制断路器,则继电器工作在低电压方式;如果利用电压继电器的动合触点控制断路器,则继电器工作在过电压方式。继电器接线端子如图 6-6 所示。

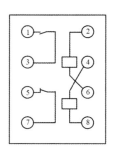

图 6-6 DY-36 型电压继电器接线端子

本实验测试电压继电器在两种工作方式(低电压及过电压)下的动作特性。

将测试仪产生的任意一相电压信号(如 U_a)、U_n 与电压继电器的电压输入端子 U、U_N

连接,继电器的动作开入连接到测试仪的任意一对开入上,同时连接到信号灯的控制回路中,测试低电压继电器动作特性时,连接常闭触点;测试过电压继电器特性实验时,连接常开触点。

　　测试方法:控制测试仪的输出,动态地改变加入电压继电器中的电压,测试电压继电器的动作值、返回值和返回系数。可采用自动测试方法,也可采用手动测试方法;对应的实验接线图分别为图 6-7 和图 6-8。

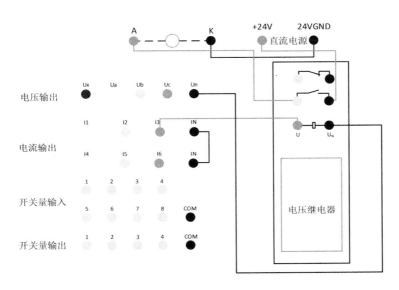

图 6-7　电压继电器特性实验接线图(手动测试)

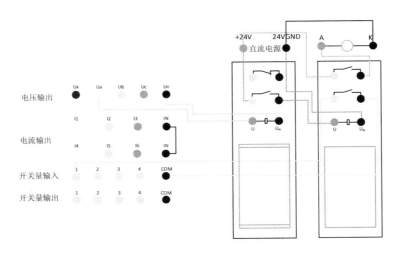

图 6-8　电压继电器特性实验接线图(自动测试)

6.2.4 实验内容与步骤

按表6-4所列实验步骤进行实验。

表6-4　电压继电器特性测试实验步骤

序号	步骤	详细做法
1	整定值设定	打开电压继电器面板前盖,拨动定值设定指针,可设定电压继电器整定值,首先设置电压继电器整定值为60 V。
2	过电压工作方式下的动作特性测试	进行实验接线,注意应连接继电器的常开触点。
		进入"继电保护特性测试系统"界面,在"控制方式"区选择"手动"方式,在控制"变量"区选择"U_a幅值";A相电压初值设置为55 V,步长设为-0.5V。
		按"开始"键,继电器常闭开入打开(即指示灯灭),并按"增加"按钮逐渐减小U_a的大小(步长为负值),直至继电器动作,信号灯亮。记录此时的电压,即继电器的动作电压。
		测试3组数据,将结果填入表6-5。
		选择"程控"方式进行自动测量。设置合适的变化范围以及步长等参数,点击"开始"。将实验结果填至表6-5中。
3	低电压工作方式下的动作特性测试	进行实验接线,注意应连接继电器的常闭触点。
		测试仪未发出信号前,电压继电器输入电压为0,继电器常闭开入合上,指示灯亮。测试仪的A相电压初值设置为55 V,步长设为-0.5 V。
		点击"开始",继电器常闭开入打开(即指示灯灭),并按"增加"按钮逐渐减小U_a的大小(步长为负值),直至继电器动作,信号灯亮。记录此时的电压,即继电器的动作电压。 再按"减少"按钮至继电器返回,信号灯灭。记录此时的电压,即继电器的返回电压。
		测试3组数据,将结果填入表6-6。
		选择"程控"方式进行自动测量。设置合适的变化范围以及步长等参数,点击"开始"。将实验结果填至表6-6中。

6.2.5 实验数据记录

表 6-5 过电压继电器动作特性实验数据

工作方式	手动方式		自动方式	
	动作值/V	返回值/A	动作值/A	返回值/A
1				
2				
3				
4				
平均值/A				
误差/%				
变差/%				
返回系数				

表 6-6 低电压继电器动作特性实验数据

工作方式	手动方式		自动方式	
	动作值/V	返回值/A	动作值/A	返回值/A
1				
2				
3				
4				
平均值/A				
误差/%				
变差/%				
返回系数				

6.2.6 观察与分析

1. 电磁型电压继电器的动作电压与哪些因素有关？

2. 什么是电压继电器的返回系数？返回系数的高低对电压元件的整定有何影响？

3. 低电压与过电压工作方式下,电压继电器的返回系数有什么差别？并说明原因。

6.3 常规继电器配合保护实验

6.3.1 实验目的

1. 掌握电流速断保护和电流电压连锁速断保护的构成和基本原理。

2. 掌握电流速断保护和电流电压连锁速断保护的整定方法。

3. 测试并比较电流速断保护和电流电压连锁速断保护的保护范围。

6.3.2 实验预习要求

本实验在实验 6.1、6.2 基本特性的基础上,进行常规继电器的配合保护。实验前预习相关内容,满足下列要求:

1. 能够准确说出几种继电器的种类。

2. 能够准确描述继电器配合保护的基本原理。

6.3.3 实验原理说明

1. 电流速断保护实验

电流速断保护的主要优点是简单可靠,动作迅速;其缺点是不能保护线路全长,而且保护范围受系统运行方式变化影响很大,当被保护线路的长度较短时,速断保护可能没有保护范围,因此不能采用。

本实验以实验台的整组保护接线图为系统模型,常规电流保护模型图如图 6-9 所示。本实验中,保护安装在 A 变电站 QF 处,电流速断保护由 DL-31 电流继电器和 DZY-202 中间继电器组成;电流电压连锁速断保护由 DL-31 电流继电器和 DY-36 电压继电器组成。

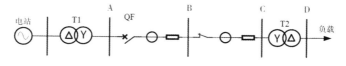

图 6-9 常规电流保护模型图

常规电流速断保护实验接线图如图 6-10 所示,将保护安装处(1QF)的电流互感器的端子 I_a、I_n 分别与 DL-31 电流继电器的电流输入端子 I 和 I_c 连接。电流继电器的动作触点连接至中间继电器电压线圈上,中间继电器的动作触点与断路器 1QF 的跳闸信号接孔连接,控制 1QF 跳闸。

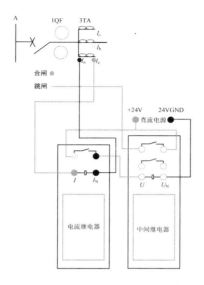

图 6-10　常规电流速断保护实验接线图

2. 电压电流保护配合接线

电流电压连锁速断保护实验接线图如图 6-11 所示,将保护安装处(1QF)的电压互感器(1TV)的端子 U_a、U_b,分别连接 DY-36 电压继电器的 U、U_N;将保护安装处(1QF)的电流互感器(TA)的端子 I_a、I_n,分别连接 DL-31 电流继电器的 I、I_N;电流继电器和电压继电器的动作开入串联后经过中间继电器控制 1QF 跳闸。注意电压继电器应接入常闭触点!

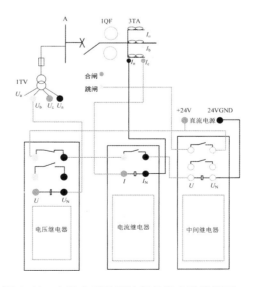

图 6-11　电流电压连锁速断保护实验接线图

6.3.4　实验内容及步骤

1. 电流速断保护实验

（1）整定值设置。

根据图6-9中设置的一次模型结构及参数，进行整定计算，将电流整定值填入表6-7，并对DL-31电流继电器进行整定。

（2）测试电流速断保护的动作范围。

①首先打开测试仪电源，选择"线路整组保护"，进入模型选择界面。选择线路电压等级及模型名称，点击"确认"按钮，进入微机线路整组保护界面，如图6-12所示；本书以10 kV为例说明。在线路整组保护界面中，点击模型中各元件即可进入该元件的参数设置界面。

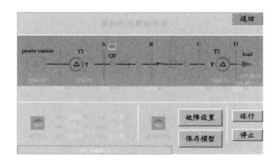

图6-12　微机线路整组保护界面

②在线路上设置三相短路故障。点击"故障设置"，弹出故障设置界面，如图6-13所示。"线路全长%"根据需要输入数值1~99，过渡电阻R_f、R_g均设为0。

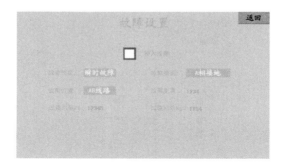

图6-13　故障设置界面

③点击"返回"，返回微机线路整组保护界面。

④点击"运行"，按下实验台面板上1QF处的红色合闸按钮，控制测试仪发出系统正

常运行时的电流电压信号。

⑤按下实验台面板上的"短路"按钮,控制测试仪发出设置的故障状态下的电流电压信号,观察保护的动作情况,并记录动作值。

⑥断路器断开后,线路整组保护界面上断路器将呈现断开状态(绿灯亮)。

⑦设置不同的短路点,重复步骤①~⑤,测试不同地点发生短路时保护动作的情况,测出多组数据后找出保护在三相短路时的保护范围,填入表6-7。

⑧在线路上设置 AB 相间短路故障,同样测出保护在 AB 相间短路时的保护范围,填入表6-7。

2.电压、电流继电器保护配合实验

(1)整定值设置。

对电流电压连锁速断保护进行整定计算,将整定值填入表6-7,并对电压继电器和电流继电器进行整定。

(2)测试电流电压连锁速断保护的动作范围。

采用同样的方法,测出保护在三相短路和 AB 相间短路情况下的保护范围,填入表6-7。

6.3.5　实验结果及分析

表 6-7　电流速断保护和电流电压连锁速断保护实验记录表

参数	电流整定值/A	电压整定值/V (用相电压表示)	保护范围	
			三相短路	AB 相间短路
电流速断保护				
电流电压连锁速断保护				

6.3.6　观察与思考

分析电流速断保护与电流电压连锁速断保护的区别。

6.4　微机三段式电流保护实验

6.4.1　实验目的

1.掌握三段式保护的基本原理。

2.掌握三段式电流保护的整定方法。

3. 设计某线路三段式电流保护方案。

4. 了解运行方式对灵敏度的影响。

5. 认识三段式电流保护的动作过程。

6.4.2 实验预习要求

本实验应用微机实现三段式电流保护，是目前工程实际使用的继电保护原理。实验前预习相关内容，满足下列要求：

1. 能够准确说出三段式电流保护的基本原理。

2. 能够描述继电保护整定的过程。

6.4.3 实验原理及测试方法

1. 实验原理说明

三段式电流保护一般作为中低压线路的主保护，分为电流速断（简称Ⅰ段）、限时电流速断（简称Ⅱ段）和定时限过电流保护（简称Ⅲ段）三种形式。

本实验讨论对象为单侧电源系统（多电源系统可以通过单电源系统加上方向保护来解决），采用仪器内部模型"10 kV 线路保护模型 1"参数，各参数配置可以通过人机界面进行设置，内部逻辑通过微机保护来实现。10 kV 线路保护的基本配置逻辑框图如图 6-14 和图 6-15 所示，其中 $I_{\Phi.\max}$ 表示 A、B、C 三相电流的最大值，$I_{zd.1}$、$I_{zd.2}$ 和 $I_{zd.3}$ 分别表示三段电流定值，$t_{I.2}$ 和 $t_{I.3}$ 表示Ⅱ段和Ⅲ段设定的时间定值。

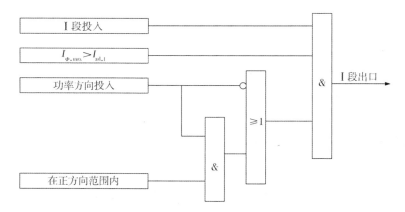

图 6-14 10 kV 线路保护电流Ⅰ段动作逻辑框图

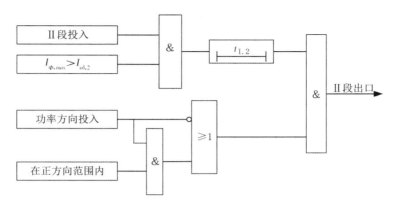

图 6-15　10 kV 线路保护电流 II 段动作逻辑框图

2. 实验流程及界面说明

本实验为设计型实验,需要在掌握三段式电流保护的原理上,设计相关数据,并进行实验验证。

按照模型参数进行整定值计算,注意模型参数为一次侧参数,在进行整定计算后,注意将电流一次整定值转换成二次整定值。

二次整定值=(一次整定值)$/n_{\text{TA}}$,其中 n_{TA} 为保护安装处电流互感器的变比。

计算完毕后应进行灵敏度校验,如果灵敏度不满足要求,则可能是整定值计算错误或可靠系数选择不合适,应重新整定计算。

将选定的实验模型序号及各段电流整定计算结果填入表 6-8。

表 6-8　10 kV 三段电流保护整定值(保护安装处电流互感器变比 $n_{\text{TA}}=$ ＿＿)

选定实验模型	10 kV 线路模型＿＿		
电流保护形式	电流速断	限时电流速断	定时限过电流保护
一次整定值/A			
二次整定值/A			
动作时间/s	—		

实验一次系统即 10 kV 线路模型 1 在图 6-9 中展示。10 kV 线路保护安装接线如图 6-11 所示,A 变电站的 1QF 处,从 3TA 二次侧获取电流,控制 1QF 动作。通过向 YZ2000 多功能微机保护装置设置 10 kV 线路保护程序构成完整的 10 kV 线路保护。在线路整组保护界面中,点击模型中各元件即可进入该元件的参数设置界面,将前期设计参数进行设置:点击 10 kV 线路整组保护界面中"设置"按钮,进入功能界面,如图 6-16 所示。点击"电流保护压板",进入电流保护压板设置界面,分别投入"电流总压板""电流 I 段""电流 II 段"和"电流 III 段"。

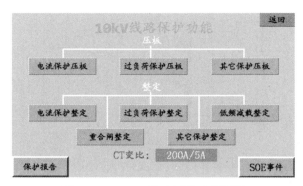

图 6-16 10 kV 线路保护功能界面

3. 实验接线说明

如图 6-17 所示,将 YZ2000 多功能微机保护装置的三相电流接线端分别与位于整组保护接线图的 1QF 处的电流互感器的三相电流插孔相连,装置的跳闸、合闸接线端分别与 1QF 处的跳闸、合闸插孔相连,装置的跳、合位端子分别与 1QF 的两个辅助触点(常开触点、常闭触点)相连,装置的跳合位公共端与两个辅助触点的另外一端相连,注意电流公共端也应相连。

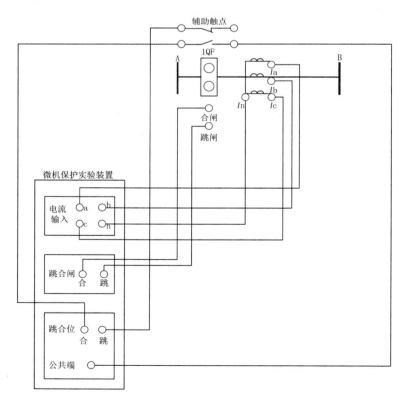

图 6-17 10 kV 微机线路保护实验接线图

6.4.4　实验内容

1. 模拟系统不同地点发生各种类型的短路实验

（1）打开多功能微机保护装置电源，进入 10 kV 线路保护界面，如图 6-18 所示。

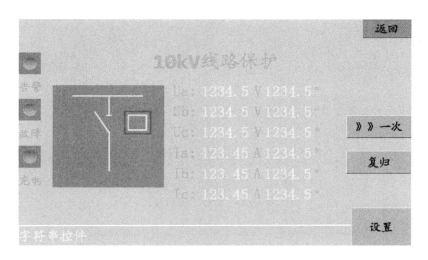

图 6-18　10 kV 线路保护界面

（2）首先打开测试仪电源，选择"线路整组保护"，进入模型选择界面。选择线路电压等级及模型名称。点击"确认"按钮，进入线路整组保护界面；本书以 10 kV 模型 1 为例说明。

（3）点击"返回"，返回功能界面，点击"电流保护整定"，进入 10 kV 电流保护整定设置界面，如图 6-19 所示，设置各整定值。

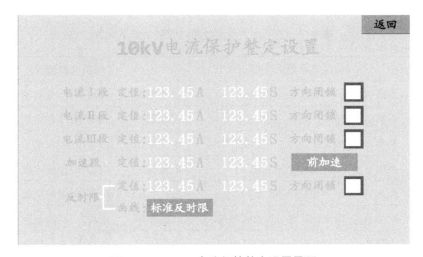

图 6-19　10 kV 电流保护整定设置界面

（4）在线路上设置三相短路故障。方法：点击"故障设置"，弹出故障设置界面，如图 6-20 所示；设置 AB 相间短路，"线路全长%"根据需要输入数值 1～99，过渡电阻 R_f、R_g 均设为 0。

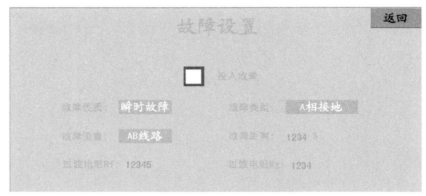

图 6-20　故障设置界面

（5）点击"返回"，返回线路整组保护界面。

（6）在整组保护界面点击"运行"，按下实验台面板上 1QF 处的红色合闸按钮，控制测试仪输出系统正常运行时的电流电压信号。

（7）按下实验台面板上的"短路"按钮，控制测试仪发出设置的故障状态下的电流电压信号，观察保护的动作情况，并记录动作值。

（8）断路器断开后，线路整组保护界面上断路器状态将呈现断开状态（绿灯亮）。设置不同的短路点，重复步骤（1）～（5），测试不同地点发生短路时的保护动作情况，测多组数据后找出保护在三相短路时的保护范围，填入表 6-9。

表 6-9　不同地点发生故障时保护动作记录表

故障线路	故障点及故障类型	保护动作情况
AB 线路	距离 A 点 30% 处发生三相短路	电流保护____段动作，动作电流_____A
	距离 A 点 50% 处发生三相短路	电流保护____段动作，动作电流_____A
	距离 A 点 70% 处发生三相短路	电流保护____段动作，动作电流_____A
	距离 A 点 99% 处发生三相短路	电流保护____段动作，动作电流_____A
	距离 A 点 30% 处发生 AB 相间短路	电流保护____段动作，动作电流_____A
	距离 A 点 50% 处发生 AB 相间短路	电流保护____段动作，动作电流_____A
	距离 A 点 70% 处发生 AB 相间短路	电流保护____段动作，动作电流_____A
	距离 A 点 99% 处发生 AB 相间短路	电流保护____段动作，动作电流_____A

表 6-9（续）

故障线路	故障点及故障类型	保护动作情况
BC 线路	距离 B 点 30% 处发生三相短路	电流保护＿＿＿段动作,动作电流＿＿＿＿A
	距离 B 点 50% 处发生三相短路	电流保护＿＿＿段动作,动作电流＿＿＿＿A
	距离 B 点 70% 处发生三相短路	电流保护＿＿＿段动作,动作电流＿＿＿＿A
	距离 B 点 99% 处发生三相短路	电流保护＿＿＿段动作,动作电流＿＿＿＿A
	距离 B 点 30% 处发生 AB 相间短路	电流保护＿＿＿段动作,动作电流＿＿＿＿A
	距离 B 点 50% 处发生 AB 相间短路	电流保护＿＿＿段动作,动作电流＿＿＿＿A
	距离 B 点 70% 处发生 AB 相间短路	电流保护＿＿＿段动作,动作电流＿＿＿＿A
	距离 B 点 99% 处发生 AB 相间短路	电流保护＿＿＿段动作,动作电流＿＿＿＿A

（9）在线路上设置 BC 相间短路故障,同样测出保护在 BC 相间短路时的保护范围,并将相应数据填入表 6-9。

（10）动作值可在保护动作报告中读取。

2. 三段式电流保护动作范围测试实验

一般来说从保护安装处附近开始设置短路点,如果要测试的保护段动作,则表示在该段保护动作区内,如果非本保护段动作,则可适当缩短短路故障点至保护安装处的距离,重复实验,以获得较精确的保护动作范围。

（1）整定值设置过程同实验内容"模拟系统不同地点发生各种类型的短路实验"。

（2）要测试电流速断段保护在三相短路故障下的动作范围,首先从 AB 线路上距离 A 母线 10% 处设置短路点,再依次增加短路点百分比。如果在 AB 线路上距离 A 母线 60% 处电流速断段保护动作,而在 AB 线路上距离 A 母线 70% 处限时电流速断段保护不动作（即电流速断段保护不动作）,则电流速断段保护的保护范围一定在 AB 线路上距离 A 母线 60%～70% 之间,在 60%～70% 之间设置短路点,直到测出电流速断段保护的动作边界。

（3）由于限时电流段和过电流段的保护范围要延伸到下一条线路,因此当测试到本线路的 99% 时保护仍动作,即认为保护范围可以保护本线路全长（注意不能在线路的 100% 和 0% 处设置短路点）,则首先清除本线路上的保护点,再在下一条线路上从始端开始依次设置故障进行测试。

（4）将测量的保护范围结果填入表 6-10 中。

表 6-10   三段式电流保护保护范围记录表

故障类型	保护类型	保护范围
三相短路	电流速断	AB 线路全长____% +BC 线路全长____%
	限时电流速断	AB 线路全长____% +BC 线路全长____%
	定时限过电流保护	AB 线路全长____% +BC 线路全长____%
两相短路	电流速断	AB 线路全长____% +BC 线路全长____%
	限时电流速断	AB 线路全长____% +BC 线路全长____%
	定时限过电流保护	AB 线路全长____% +BC 线路全长____%

6.4.5   观察与思考

1. 三段式电流保护的保护范围是如何确定的,在输电线路上是否一定要用三段式保护,用两段可以吗?

2. 三段式电流保护,哪段最灵敏? 哪段最不灵敏? 应采用什么措施来保证选择性?

6.5   35 kV 微机线路保护实验

6.5.1   实验目的

1. 掌握 35 kV 线路保护的配置。

2. 掌握 35 kV 线路保护的整定方法。

3. 了解电流电压速断保护的基本原理。

6.5.2   实验预习要求

本实验属于前述实验的综合应用,采用微机保护形式,进行多种线路保护实验。 实验前预习相关内容,满足下列要求:

1. 能够描述线路保护的基本配置。

2. 能够描述线路各种保护的基本原理。

6.5.3   实验原理说明

1. 保护配置

35 kV 微机线路保护的配置包括:三段电流保护(可选择带方向)、电流电压连锁速断保护、反时限电流保护、专门的后加速段保护、三相一次重合闸、反应单相接地的零序电压元件等几种保护的综合。

电流电压连锁速断保护是由过电流元件和低电压元件共同组成的保护,只有当电流、电压元件同时动作时保护才能动作跳闸。其动作逻辑图如图 6-21 所示。其中 $I_{\Phi.max}$ 表示 A、B、C 三相电流的最大值,$U_{\Phi-\Phi}$ 表示任意两相间电压,$I_{IU.zd}$ 表示电流定值,$U_{IU.zd}$ 表示低电压定值(用相电压表示)。

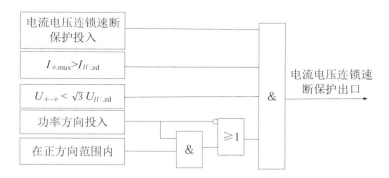

图 6-21　电流电压连锁速断保护逻辑框图

2. 实验说明

实验系统出厂时提供了四组 35 kV 线路保护实验模型。各元件基本参数已标示在模型上。35 kV 线路保护安装于 A 变电站 1QF 处,从 3TA 二次侧获取电流,控制 1QF 动作。通过向 YZ2000 多功能微机保护装置设置 35 kV 线路保护程序构成 35 kV 线路保护。

3. 实验接线

将 YZ2000 多功能微机保护装置的三相电流接线端与整组保护接线图上 1QF 处电流互感器二次侧三相电流插孔相连,装置的三相电压接线端与 A 母线电压互感器二次侧插孔相连,装置的跳、合闸接线端分别与 1QF 处的跳、合闸插孔相连。装置的跳、合位端子分别与 1QF 的两个辅助触点(常开触点、常闭触点)相连,装置的跳合位公共端与两个辅助触点的另外一端相连。注意:电流电压公共端也应分别连接在一起。

6.5.4　实验内容

1. 程序及整定值设置

(1)打开 YZ2000 多功能微机保护装置电源,进入 35 kV 线路保护界面,如图 6-22 所示。

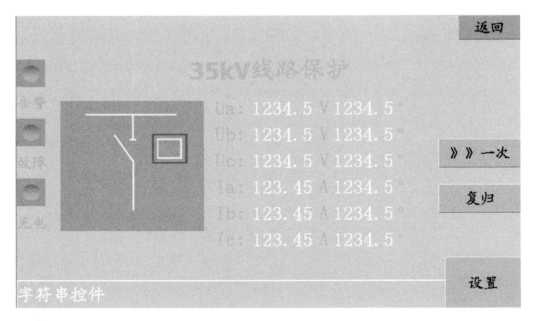

图 6-22 35 kV 线路保护界面

（2）整定计算。首先打开测试仪电源，选择"线路整组保护"，进入模型选择界面，选择线路电压等级及模型名称，点击"确认"按钮，进入线路整组保护界面。本书以 35 kV 模型 1 为例说明。

（3）在线路整组保护界面中，点击模型中各元件即可进入该元件的参数设置界面。

（4）按照模型参数进行整定值计算，注意模型参数为一次侧参数，在进行整定计算后，注意将电流一次整定值转换成二次整定值。

（5）二次整定值=（一次整定值）/n_{TA}，其中 n_{TA} 为保护安装处电流互感器的变比。

（6）计算完毕后应进行灵敏度校验，如果灵敏度不满足要求，则可能是整定值计算错误或可靠系数选择不合适，需重新整定计算。

2. 保护范围测试实验

（1）只投入三段电流保护，不投入电流电压连锁速断保护和重合闸。

（2）设置线路 AB 和线路 BC 上各点发生瞬时性三相短路和两相短路故障，测试各种情况下保护动作范围，填入表 6-11，方法参考"10 kV 微机线路保护实验"。

（3）只投入电流电压连锁速断保护、电流 II 段及电流 III 段保护，不投入电流 I 段保护。

（4）设置线路 AB 及 BC 上各点发生瞬时性三相短路和两相短路故障，测试各种情况下保护动作范围，填入表 6-12。

3. 电流电压连锁速断保护与重合闸配合实验

（1）投入电流电压连锁速断保护、电流 II 段、电流 III 段保护及重合闸，不投入电流 I 段保护。后加速保护定值整定为比 III 段定值略大一些，时间整定为 0.05 s。

（2）在线路 AB 上距离 A 点 30% 处设置瞬时性三相短路故障，将保护及重合闸动作时间记录下来，填入表 6-12。实验前，应首先确认断路器处于合闸状态，装置面板上的"充电"指示灯亮。

表 6-11　35 kV 线路保护范围记录表

故障类型	保护类型	保护范围
三相短路	电流电压速断	AB 线路全长＿＿＿% +BC 线路全长＿＿＿%
	电流速断	AB 线路全长＿＿＿% +BC 线路全长＿＿＿%
	限时电流速断	AB 线路全长＿＿＿% +BC 线路全长＿＿＿%
	定时限过电流	AB 线路全长＿＿＿% +BC 线路全长＿＿＿%
两相短路	电流电压速断	AB 线路全长＿＿＿% +BC 线路全长＿＿＿%
	电流速断	AB 线路全长＿＿＿% +BC 线路全长＿＿＿%
	限时电流速断	AB 线路全长＿＿＿% +BC 线路全长＿＿＿%
	定时限过电流	AB 线路全长＿＿＿% +BC 线路全长＿＿＿%

表 6-12　电流电压连锁速断保护与重合闸动作时间记录表

故障点和故障类型	何种保护动作	保护动作时间/ms	重合闸启动时间/ms
AB 线路上距离 A 点 30% 处发生瞬时性三相短路			

6.5.5　观察与思考

1. 电流电压速断保护与电流速断保护在整定计算上有何不同？

2. 电流电压速断保护与电流速断保护范围有何不同？

6.6 变压器保护实验

6.6.1 实验目的

1. 掌握差动保护的基本原理。

2. 熟悉变压器保护的接线方式。

3. 掌握变压器保护的整定方法,分析其误差来源。

4. 了解比率制动差动保护原理,分析保护动作情况。

6.6.2 实验预习要求

实验前预习相关内容,满足下列要求:

1. 能够准确说出差动保护的基本原理。

2. 能够说明变压器保护设置的基本步骤。

6.6.3 实验原理及实验说明

1. 实验原理

实验中的变压器综合保护配置的主保护为差动速断保护和比率制动差动电流保护,后备保护为过电流保护,可带低电压起动或复合电压起动,并带有过负荷保护功能。

(1)差动电流及制动电流构成原理。

首先,说明两个假设条件:以流向变压器的方向为正方向;变压器高压侧和低压侧电流互感器均接成星形(即互感器一次侧和二次侧相位完全相同)。

由于变压器高压侧和低压侧的额定电流不同,为保证差动保护正确工作,必须适当选择两侧电流互感器的变比,使得在正常运行和外部故障时,两个二次电流大小相等,方向相反。

微机差动保护一般以高压侧二次电流为参考向量,低压侧电流乘上一个电流平衡变化系数 K_{ph}。设变压器高压侧的电流向量为 $\dot{I}_h$,经电流平衡变化系数调整后的低压侧的电流向量为 $\dot{I}_l$。则差动电流 I_d 表示为 $I_d = |\dot{I}_h + \dot{I}_l|$,制动电流 $I_r = \dfrac{|\dot{I}_h - \dot{I}_l|}{2}$。

变压器正常运行时,应有 $\dot{I}_h = -\dot{I}_l$。由于变压器采用不同的接线方式时,高、低压侧的电流相位关系不同,因此差动电流构成式中的 $\dot{I}_h$ 和 $\dot{I}_l$ 应根据变压器的接线方式正确选择。

　　假定变压器高压侧 A、B、C 三相电流分别为 $\dot{I}_{\mathrm{AH}}$、$\dot{I}_{\mathrm{BH}}$ 和 $\dot{I}_{\mathrm{CH}}$，低压侧 A、B、C 三相电流分别为 $\dot{I}_{\mathrm{AL}}$、$\dot{I}_{\mathrm{BL}}$ 和 $\dot{I}_{\mathrm{CL}}$，所有电流均为电流互感器二次侧电流。

　　如果变压器采用 Y/Y0 接线方式，正常运行时高压侧 A 相电流 $\dot{I}_{\mathrm{AH}}$ 与低压侧 A 相电流 $\dot{I}_{\mathrm{AL}}$ 同相位，如图 6-23（a）所示，因此取 $\dot{I}_{\mathrm{h}} = \dot{I}_{\mathrm{AH}}$，$\dot{I}_{\mathrm{l}} = K_{\mathrm{ph}} \times \dot{I}_{\mathrm{AL}}$。

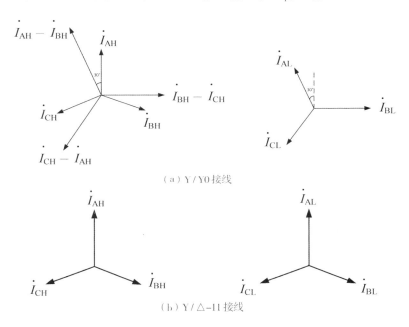

图 6-23　变压器高低压侧电流相位关系

　　如果变压器采用 Y/△-11 接线方式，正常运行时高压侧 AB 相间电流（$\dot{I}_{\mathrm{AH}} - \dot{I}_{\mathrm{BH}}$）与低压侧 A 相电流 $\dot{I}_{\mathrm{AL}}$ 同相位，如图 6-23（b）所示，因此取 $\dot{I}_{\mathrm{h}} = (\dot{I}_{\mathrm{AH}} - \dot{I}_{\mathrm{BH}})/\sqrt{3}$，$\dot{I}_{\mathrm{l}} = K_{\mathrm{ph}} \times \dot{I}_{\mathrm{AL}}$。

　　（2）差动速断保护。

　　差动速断保护动作逻辑框图如图 6-24 所示。其中，I_{d} 表示计算所得的差动电流，$I_{\mathrm{d.zd}}$ 表示差动继电器的差动速断保护整定值。

图 6-24　差动速断保护动作逻辑框图

（3）比率制动差动保护逻辑。

比率制动差动保护制动特性曲线如图 6-25 所示，其中，$I_{\text{d.min}}$ 表示差动继电器的起动差流整定值，即门槛电流；I_{r} 表示计算所得的制动电流；K 表示比率制动系数整定值。比率制动差动保护动作逻辑框图如图 6-26 所示，比率制动差动保护带有二次谐波制动功能，可通过控制字选择，逻辑图中 I_{d2} 为差动电流中的二次谐波成分，K_2 表示二次谐波制动系数。

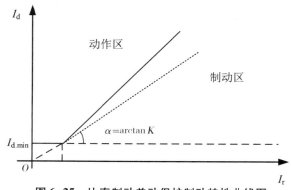

图 6-25　比率制动差动保护制动特性曲线图

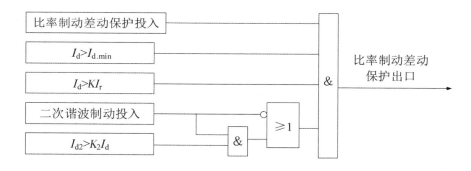

图 6-26　比率制动差动保护动作逻辑框图

（4）过电流保护。

过电流保护可选择不带起动元件、低电压起动和复合电压起动三种方式，动作逻辑框图如图 6-27 所示。其中，$I_{\phi.\text{max}}$ 表示 A、B、C 三相电流的最大值，I_{zd} 表示过电流定值，$U_{\phi-\phi}$ 表示相间电压，U_{zd} 表示低电压定值（为相电压），U_2 表示负序电压，$U_{2\text{zd}}$ 表示负序电压定值，t_{zd} 表示过电流保护时间定值。

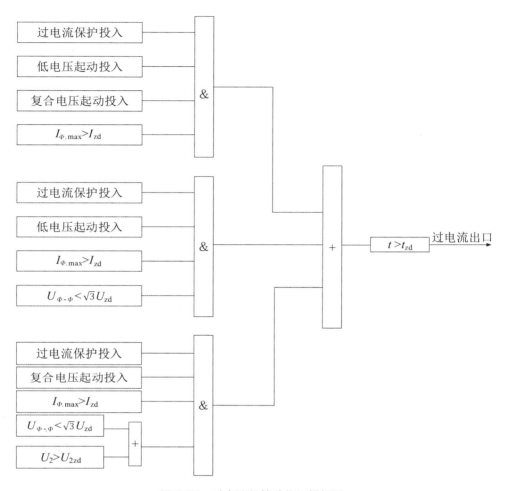

图6-27　过电流保护动作逻辑框图

（5）过负荷保护。

过负荷保护可选择动作于信号或动作于出口,动作逻辑框图如图6-28所示。其中, $I_{\Phi.max}$ 表示A、B、C三相电流的最大值, $I_{f.zd}$ 表示过负荷定值, $t_{f.zd}$ 表示过负荷保护时间定值。

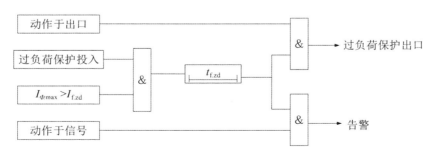

图6-28　过负荷保护动作逻辑框图

2. 保护整定

（1）电流平衡变换系数计算。

电流平衡变换系数 K_{ph} 的计算方法如下：

$$K_{ph} = n_{CT2} / (n_B . n_{CT1})$$

n_{CT1} 和 n_{CT2} 分别为高压侧和低压侧电流互感器的变比，n_B 为变压器的变比。

（2）差动速断保护整定。

差动速断的整定值按躲开最大不平衡电流和励磁涌流来整定，$I_{zd} = (3.5 \sim 4.5)I_{NT}$，其中，$I_{NT}$ 为变压器的额定电流。

（3）比率制动差动保护整定。

比率制动式差动继电器的动作电流随外部短路电流按比率增大，既能保证外部短路不误动，又能保证内部短路有较高的灵敏度。

比率制动差动保护的动作电流按下面两个条件进行计算，选较大者为基本动作电流 I_{pu}。躲开变压器的励磁涌流，

$$I_{pu} = K_{rel} I_{NT}$$

式中，K_{rel} 为可靠系数，可取 1.5；I_{NT} 为变压器参考侧的额定电流。

躲开变压器外部短路时的最大不平衡电流，

$$I_{pu} = K_{rel} I_{unb.max} = 1.3(I_{unb.\Delta u} + I_{unb.CT}) = 1.3(\Delta u + \Delta f) I_{k.max}$$

式中，$I_{k.max}$ 为外部短路时，流过变压器参考侧的最大短路电流；Δf 为 CT 的 10% 误差；Δu 为变压器分接头位置的改变范围，为 $-15\% \sim +15\%$。

取制动系数为 K，二次谐波制动系数 K_2 通常为 $0.1 \sim 0.2$。

（4）不带起动元件的过电流保护整定。

动作电流按躲开变压器可能出现的最大负荷电流整定。

$$I_{pu} = K_{rel} I_{T.max} / K_{re}$$

式中，K_{rel} 为可靠系数，取 $1.2 \sim 1.3$；K_{re} 为返回系数，取 0.85；$I_{T.max}$ 为变压器可能出现的最大负荷电流。

$I_{T.max}$ 的确定应考虑电动机自起动的最大电流：

$$I_{T.max} = K_{SS} I'_{T.max}$$

式中，K_{SS} 为负荷自起动系数，K_{SS} 取 $1.5 \sim 2.5$，$I'_{T.max}$ 为正常的最大负荷电流。

（5）带低电压起动的过电流保护整定。

电流元件和电压元件的动作值分别为：

$$I_{pu} = K_{rel}I_{NT}/K_{re}$$

$$U_{pu} = K_{rel}U_{W.min}/K'_{re} \approx (0.6 \sim 0.7)U_N$$

式中，K_{rel} 为可靠系数，取 $1.1 \sim 1.2$；K_{re} 为电流继电器返回系数，取 0.85；K'_{re} 为电压继电器返回系数，取 1.15；$U_{W.min}$ 为最低工作电压，一般取 $0.9U_N$。

（6）复合电压起动的过电流保护。

负序电压定值可取：

$$U_{pu.2} = 0.06U_N$$

电流和电压动作值按（5）中公式整定。

（7）过负荷保护。

过负荷保护的动作电流为：

$$I_{pu} = K_{rel}I_{NT}/K_{re} = 2.47$$

式中，K_{rel} 为可靠系数，取 1.05，K_{re} 为返回系数，取 0.85。为避免外部故障时保护误发信号，动作时间一般取 $7 \sim 9$ s。

3. 实验说明

本实验系统出厂时提供了多组一次系统实验模型，不同的实验台可选择不同的实验模型。本书以变压器模型 1 为例进行实验说明。

变压器主保护安装于 T2 变电站 3QF 处，从 5TA 和 6TA 处分别获取高、低压侧二次侧电流，控制 3QF 动作。通过向 YZ2000 多功能微机保护装置设置变压器主保护构成变压器主保护。

变压器后备保护安装于 T2 变电站 3QF 处，从 5TA 处获取高压侧二次侧电流，B 母线处电压为二次电压，控制 3QF 动作。通过向 YZ2000 多功能微机保护装置选择变压器后备保护构成变压器后备保护。

4. 实验接线

变压器主保护装置的 I_1、I_2、I_3 三相电流接线端与 5TA 二次侧三相电流插孔相连，电流公共端直接相连。装置的 I_4、I_5、I_6 三相电流接线端与 6TA 二次侧三相电流插孔相连，电流公共端直接相连。装置的跳闸接线端与 3QF 处的跳闸插孔相连，装置的跳、合位端子分别与 3QF 的两个辅助触点（常开触点、常闭触点）相连，装置的跳、合位公共端与两个辅助触点的另外一端相连，如图 6-29 所示。

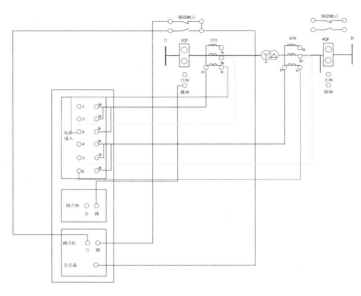

图 6-29 变压器主保护实验接线图

变压器后备保护装置的 I_1、I_2、I_3 三相电流接线端与 5TA 二次侧三相电流插孔相连，电流公共端直接相连。装置的 U_1、U_2、U_3 三相电流接线端与 2TV 三相电压插孔相连，电压公共端直接相连。装置的跳闸接线端与 3QF 处的跳闸插孔相连，装置的跳、合位端子分别与 3QF 的两个辅助触点（常开触点、常闭触点）相连，装置的跳合位公共端与两个辅助触点的另外一端相连，如图 6-30 所示。

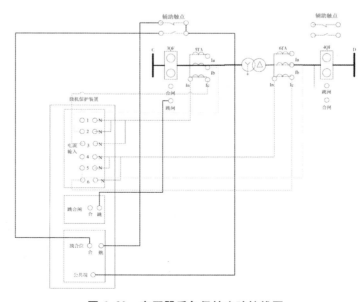

图 6-30 变压器后备保护实验接线图

6.6.4 实验整定

1. 程序及整定值设置

（1）打开测试仪电源，选择"变压器整组保护"，进入模型选择界面，选择模型名称，点击"确认"按钮，进入变压器整组保护界面（本书以模型 1 为例说明）。

（2）在线路整组保护界面中，点击模型中各元件即可进入该元件的参数设置界面。

（3）按照模型参数进行整定值计算，注意模型参数为一次侧参数。在进行整定计算后，注意将电流一次整定值转换成二次整定值。二次整定值＝（一次整定值）/n_{TA}，其中 n_{TA} 为保护安装处电流互感器的变比。

（4）计算完毕后应进行灵敏度校验，如果灵敏度不满足要求，则可能是整定值计算错误或可靠系数选择不合适，应重新整定计算。

（5）根据前面所述的整定方法对变压器保护进行整定计算，并设置定值或直接输入装置中。

（6）设置各保护压板，同时投入差动速断保护、比率制动差动保护、过电流保护和过负荷保护，过负荷动作于跳闸。变压器接线采用 Y/△-11 接线方式。

（7）注意各定值应转换为电流互感器二次侧数值。

（8）变压器主保护参考整定值（二次值）见表 6-13。

表 6-13 变压器主保护参考整定值表

差动速断	动作电流	平衡变化系数
	8.4 A	0.19
比率制动差动	最小 I_d	比例制动系数
	1	0.5
	最小 I_r	
	1	
过负荷	动作电流	动作时限
	2.59 A	7 s

（9）变压器后备保护参考整定值（二次值）见表6-14。

表6-14 变压器后备保护参考整定值表

复合电压	低电压	负序电压
	50 V	20 V
复压过流I段	动作电流	t_1
	5 A	1 s
	t_2	t_3
	2 s	3 s
复压过流II段	动作电流	t_1
	4 A	1 s
	t_2	t_3
	2 s	3 s
复压过流III段	动作电流	t_1
	3 A	1 s
	t_2	t_3
	2 s	3 s
零序过流I段	零序电流	t_1
	3 A	1 s
	t_2	t_3
	2 s	3 s
零序过流II段	零序电流	t_1
	3 A	1 s
	t_2	t_3
	2 s	3 s
零序电压	零序电压	
	20 V	
零序过压	过压定值	t_1
	20 V	3 s
	t_2	
	4 s	

2. YZ2000 多功能微机保护装置中保护整定设置

（1）点击变压器主保护界面中"设置"按钮，进入变压器主保护功能界面，如图 6-31、图 6-32 所示。

图 6-31　变压器主保护界面

图 6-32　变压器主保护功能界面

（2）点击"差动保护压板"，进入差动保护压板设置界面，投入"差动速断压板""比率制动压板"。

（3）点击"返回"，返回功能界面，点击"差动保护整定"，进入差动保护整定界面，设置各整定值。

（4）其他保护压板及整定操作参照差动保护压板及整定。

6.6.5　实验测试

1. 变压器主保护实验

（1）变压器主保护实验内容参照变压器主保护接线及设置，接线完成后整定好变压器主保护整定值。

（2）在线路整组保护界面中，点击模型中各元件即可进入该元件的参数设置界面。

（3）不设置故障，变压器负载分别按表 6-15 中的负载大小设置，模拟变压器正常运行情况，观测变压器高压侧三相电流、差动电流以及制动电流的大小（在装置显示屏上查看），并记录。

表 6-15　在不同负载情况下变压器正常运行记录表

负载设置	变压器高压侧电流/A			差动电流/A	制动电流/A
	I_{ah}	I_{bh}	I_{ch}	I_d	I_r
$P = 5$ MW；$Q = 2$ Mvar					
$P = 9$ MW；$Q = 2$ Mvar					
$P = 11$ MW；$Q = 3$ Mvar					

（4）点击"运行"，按下实验台面板上 3QF 处的红色合闸按钮，控制测试仪发出系统正常运行时的电流电压信号。

（5）在变压器上设置三相短路故障。方法：点击"故障设置"，弹出故障设置界面，"线路全长%"根据需要输入数值 1～99。

（6）点击"return"，返回变压器整组保护界面。

（7）点击"运行"，按下实验台面板上 3QF 处的红色合闸按钮，控制测试仪发出系统正常运行时的电流、电压信号。

（8）按下实验台面板上的"短路"按钮，控制测试仪发出设置的故障状态下的电流、电压信号，观察保护的动作情况，并记录动作值。

（9）断路器断开后，线路整组保护界面上断路器状态将呈现断开状态（绿灯亮）。

（10）设置不同的短路点，重复步骤（1）～（8），测试不同地点发生短路时的保护动作情况，测多组数据后找出保护在三相短路时的保护范围，填入表 6-16。

表 6-16　变压器保护动作记录表

故障点和故障类型		何种保护动作	动作值/A	保护动作时间/ms
模拟变压器内部故障	距离负载站 1#高压母线（即 B 母线）5%处发生三相短路			
	距离负载站 1#高压母线（即 B 母线）5%处发生两相短路			
	距离负载站 1#高压母线（即 B 母线）50%处发生三相短路			
	距离负载站 1#高压母线（即 B 母线）50%处发生两相短路			
	距离负载站 1#高压母线（即 B 母线）95%处发生三相短路			
	距离负载站 1#高压母线（即 B 母线）95%处发生两相短路			

表 6-16（续）

故障点和故障类型		何种保护动作	动作值/A	保护动作时间/ms
模拟变压器外部故障	负载站 1#低压母线（即 C 母线）发生三相短路			
	负载站 1#低压母线（即 C 母线）发生两相相间短路			

2. 模拟变压器过负荷

更改变压器所带负载容量为：有功功率 19 MW，无功功率 4 MW，观测过负荷保护动作情况。

3. 模拟变压器瓦斯保护

本实验系统利用装置开入状态模拟非电量保护。实验步骤如下：

（1）将实验系统上"1#"按键一端接入保护装置位置"备用 1"，"2#"按键一端接入保护装置位置"备用 2"，按键的另一端都接入位置公共端。

（2）在变压器主保护"其他压板"中投入"重瓦斯跳闸"和"轻瓦斯告警"。

（3）按下"1#"按键，模拟变压器重瓦斯故障，观察保护动作情况。

（4）按下"2#"按键，模拟变压器轻瓦斯故障，观察保护动作情况。

4. 模拟变压器超温保护

更改变压器所带负载容量为：有功功率 19 MW，无功功率 4 MW，观测过负荷保护动作情况。

5. 模拟变压器过温保护

更改变压器所带负载容量为：有功功率 19 MW，无功功率 4 MW，观测过负荷保护动作情况。

6. 变压器后备保护实验内容

参照变压器后备保护接线及设置，接线完成后整定好变压器后备保护整定值。

（1）模拟变压器正常运行。

参照表 6-17，分别设置不同的负载，点击"运行"，按下实验台面板上 3QF 处的红色合闸按钮，控制测试仪发出系统正常运行时的电流、电压信号。

表 6-17　在不同负载情况下变压器正常运行记录表

负载设置	变压器高压侧电流/A			母线电压/V		
	I_{ah}	I_{bh}	I_{ch}	U_a	U_b	U_c
$P=5$ MW; $Q=2$ Mvar						
$P=9$ MW; $Q=2$ Mvar						
$P=11$ MW; $Q=3$ Mvar						

（2）模拟各种短路故障。

设置不同的短路点，测试不同地点发生短路时的保护动作情况，填入表 6-18。

表 6-18　变压器后备保护动作记录表

故障点和故障类型		何种保护动作	动作值/A	保护动作时间/ms
模拟变压器内部故障	距离负载站 1#高压母线（即 B 母线）5% 处发生三相短路			
	距离负载站 1#高压母线（即 B 母线）5% 处发生两相短路			
	距离负载站 1#高压母线（即 B 母线）50% 处发生三相短路			
	距离负载站 1#高压母线（即 B 母线）50% 处发生两相短路			
	距离负载站 1#高压母线（即 B 母线）95% 处发生三相短路			
	距离负载站 1#高压母线（即 B 母线）95% 处发生两相短路			
模拟变压器外部故障	负载站 1#低压母线（即 C 母线）发生三相短路			
	负载站 1#低压母线（即 C 母线）发生两相相间短路			

6.6.6　观察与思考

1. 分析差流计算值与实验值之间的误差来源。

2. 变压器差动保护中产生不平衡电流的因素有哪些？

6.7　能力指标及实现

电力系统继电保护是电力系统理论中重要的分支,很多产业支撑来源于电网的基本保护,因此具有基本工程背景的基础实验非常重要。本章介绍了几种基础实验,分别是电流继电器特性实验、电压继电器特性实验、常规继电器配合保护实验、微机三段式电流保护实验、35 kV 微机线路保护实验和变压器保护实验,内容从基础技能到综合应用,从传统的电磁继电器到目前应用的微机保护,循序渐进,非常有助于继电保护原理的学习和训练。借鉴工程认证的相关指标,将本章中涉及的实验进行分析,得出在工程认知、工程技能、工程应用和工程素养四方面的能力指标,结合考核实现形式,简述如表 6-19。

表 6-19　能力指标对应表格

能力指标	具体内容	考核标准	考核形式
工程认知	基本继电器特性	是否掌握专业概念和术语,各种基本继电器特性	预习考核
	继电保护的任务和要求		
	继电保护的基本分类		
	差动保护的概念		
工程技能	线路保护的基本原理	是否有检索、查阅等学习能力	预习考核
	变压器保护的结线	是否选择并使用适当方法	实践操作
	微机保护设备的基本原理	是否正确操作自动化装置	实践操作
	三段式保护的整定计算	是否理解专业技术并设定条件	实验报告
工程应用	三段式保护的校验	是否能辨析工程问题并解决	实验报告
	线路保护的类型判断		
工程素养	实验过程中电压、功率的限制范围	是否理解电网安全的重要性	实践操作
	分组实验讨论的积极性	是否与同组人员合作沟通	实践操作
	报告撰写的规范程度	是否采用标准的电气符号画图	实验报告

第7章　电力系统分析综合仿真实验

7.1　概述

7.1.1　复杂工程问题的特征

根据《工程教育认证标准(2017 年 11 月修订)》,复杂工程问题必须具备下述特征 1,同时具备下述特征 2~7 的部分或全部:

1. 必须运用深入的工程原理,经过分析才可能得到解决;

2. 涉及多方面的技术、工程和其他因素,并可能相互有一定冲突;

3. 需要通过建立合适的抽象模型才能解决,在建模过程中需要体现出创造性;

4. 不是仅靠常用方法就可以完全解决的;

5. 问题中涉及的因素可能没有完全包含在专业工程实践的标准和规范中;

6. 问题相关各方利益不完全一致;

7. 具有较高的综合性,包含多个相互关联的子问题。

"电力系统分析综合仿真实验"是一个电力系统的综合分析实验,教学训练项目由典型电力系统网络的模型搭建和仿真分析两部分组成。该综合实验项目融合了电工技术、计算机仿真技术、电气工程等多学科知识和能力培养,全面训练学生解决复杂工程问题的能力[19]。

实验手段为仿真软件演示与实操,直观展示仿真软件的操作方法和使用技巧,演示仿真结果的产生、提取与分析处理,有助于提升学生的实操水平,并加深对仿真实验过程的理解。

整个实验过程分为两个阶段。第一阶段为典型电力系统网络模型搭建,学生在掌握 ETAP 软件的操作和电力系统元件的基本建模方法的基础上,根据设计任务书的要求,综合运用所学知识(电路分析,供用电系统、电力系统分析基础等),独立完成方案设计、电力网络参数计算、电气设备选型及相关参数的设定,继电保护系统设计及保护值整定,并在 ETAP 仿真软件中实现模型的搭建和调试。通过对该经典电力网络的综合设计过程,使得学生熟悉电力系统总体设计过程、设计资料的运用、标准手册的查阅等环节,对比不同设备的技术性能以及价格,选出符合设计要求并且性价比最优的方案,使学生建立真正工程设计的概念。第二阶段为电力系统仿真分析阶段,学生在前一阶段设计搭建的基础上,利用 ETAP 软件进行仿真验证和参数调整,充分验证和分析复杂电力系统工程问题,例如:电力系统网络结构和运行方式的问题分析,电力系统潮流分布问题分析,电力系统的极限功率分析,安稳控制措施对电力系统稳定性的影响分析等。同时,通过课程的训练,使学生掌握电力系统分析软件的应用,包括分析系统谐波质量、进行无功补偿和提高功率因数;利用短路模块进行对称短路和不对称短路的故障设置,对电力系统故障条件下的性能进行分析,了解系统暂态稳定性的特性,求取极限故障切除时间,并寻找提高系统暂态稳定性的措施;利用继电保护设计模块对前一阶段的电力系统保护进行验证,并通过保护配合曲线,整定各种保护参数。最后,学生将分析比较各种仿真结果形成报告,获得有效结论,并通过答辩质疑等形式就电力系统相关问题进行表述。

对应复杂工程问题的特征,分析综合实验的特点。针对特征 1,必须运用深入的工程原理,经过分析才可能得到解决:综合实验选择的电力系统网络为经典的电力系统网络,其复杂程度很难用简单的电路原理进行分析,并且在运行的过程中,网络中各个节点的相互影响以及发电机容量之间的配合都会引起复杂的工程问题,这也是工程实际设计中需要面对的问题,需要学生深入了解电力系统的工程原理。学生在规定时间内完成一个经典电力系统的规划、设计、分析、计算、运行以及模拟,工作量较大,专业综合性很强,总体来说比较有难度,符合"复杂的工程问题"。学生在训练的过程中加深对电力系统理论知识的理解,验证同步发电机准同期并列原理,准同期并列条件,同步发电机准同期并列过程;理解单机带负荷运行方式的特点,能够分析负荷投切等操作对频率、电压的影响,能够验证自动励磁调节器对系统稳定运行的作用;验证并网方式与单机带负荷运行方式下功角特性的差别,理解并网运行对系统稳定的积极影响;能够测定并比较无调节励磁、手动调节励磁和自动调节励磁三种情况下的功率特性和功率极限,画出各种运行方式下的功率特性曲线;验证同步发电机的无功调节特性,验证无功负载、并联型无功补偿设备对节点电压的支撑作用;测定各种措施运行下的功率角特性曲线,比较分析功率极限,验证提高电力系统静态稳定性的措施及效果;从实验中观察系统失步现象和掌握正确处理的措施,用数字式记忆示波器测出短路时短路电流的非周期分量波形图,并能够进行分析。熟练掌握工程分析软件,提高解决复杂工程问题的能力。

针对特征 2,从上机实践任务书可见,该教学环节涉及电路分析、电力系统分析基础、电力系统暂态分析、电力系统继电保护等多学科的融合,同时在设计过程中还要考虑经济运行、电力系统自动化、能耗优化等因素的影响,负载的需求和供电质量之间的协调和妥协,有矛盾因素的存在,符合"涉及多方面的技术、工程和其他因素,并可能相互有一定冲突"的特征。

针对特征6,实验中电力系统网络各性能指标间相互制约,且性能指标与经济指标间的利益也不一致,学生需要学会寻找解决问题的平衡。符合特征"问题相关各方利益不完全一致"。

针对特征7,电力系统分析上机实践综合了电力系统中多种形式的分析与设计,包括潮流分析、不平衡潮流、保护整定、电机加速分析、暂态稳定性分析、低压配电系统设计等多问题间的关联。就潮流分析来讲,包含不平衡潮流分析、潮流优化等很多相关的子问题。符合"具有较高的综合性,包含多个相互关联的子问题"的特征。

7.1.2 设计仿真要求

综合实验培训的目的是,通过实践环节的学习,使学生能够认识电力系统的各种物理现象,加深对电力系统相关课程理论的理解,培养学生综合运用理论知识和采用计算机仿真等手段分析问题、解决问题的能力,提高学生科学素养和工程实践能力。

采用工程专业分析软件,更加直观地呈现出电力系统网络的基本原理,设计完整的综合教学模型有助于全面真实反映现代电力生产、传输、分配、使用、控制、保护的过程。同时,在教学手段培养上采取一定的考核措施,建立工程技能的同时注重工程素养的培养。

1. 综合实验的基本要求

(1)学生参加每次上机前的培训讲课,完成讲课中要求回答的问题。

(2)学生在每次上机时间内在计算机上进行仿真操作、完成规定内容的实验报告。

(3)学生在培训结束后,参加考核和答辩。

(4)学生应在教师指导下,根据设计任务书中的要求,独立完成方案选择、参数计算、仿真实验等各项实际设计任务。学生应积极发挥主观能动性,独立进行设计,以便真正提高分析问题和解决问题的综合能力。

(5)学生根据实验目的,能拟定实验方法、实验步骤和测取数据,并进行分析比较,从而得出正确结论,最后写出报告。

2. 综合实验的具体内容

(1)电力系统仿真模型的搭建。熟悉 ETAP 仿真软件的操作,搭建仿真模型,根据实际情况设置模型参数;建立典型的电力系统仿真模型,分析系统性能。

(2)电力系统潮流分析。学会使用 ETAP 软件潮流分析模块,掌握系统潮流分析基础知识;学会使用多种方式输出潮流仿真结果;分析复杂电力系统潮流中有功功率和无功功率的特点。

(3)电力系统短路故障分析。了解仿真软件短路故障分析模块的使用;掌握设置短路故障的方法,对比不同地点相同故障下短路电流在电网中的分布状况。

(4)电力系统暂态稳定性分析。掌握 ETAP 软件暂态稳定性分析模块的使用;对比不同故障切除时间对系统暂态稳定性的影响;对特定故障用试探法求取故障切除时间。

7.1.3　任务分配及实践流程

"电力系统分析综合实验"分为方案设计、方案实施和展示验收三个步骤。指导教师将电力系统工程设计目标、设计要求形成任务书,分发给每个选课学生,并确保每个题目的独立性和难度的一致性。第一步骤为方案设计阶段,学生接到任务书之后,可以根据每个内容环节的要求,进行技能方面的自查,通过查阅技术资料和所学专业技术知识,并结合实验平台资源进行实验方案讨论,最终设计并优化出一种实验方案。第二步骤为方案实施,学生在操作过程中不断熟悉软件的基本操作,依据设计方案完成仿真建模、软件操作等一系列实验运作,得出相应实验结果。第三步骤为展示验收,学生通过分组形式,展示实验成果和收获。

在整个训练过程中,指导教师作为引导者,不断提出问题,督促学生去解决,帮助学生把控方案设计的合理性和可行性、考核实验设计的难易度和实验结果的准确度。学生自己发现问题、提出问题和解决问题,处于主体地位。

根据综合实验的训练内容,安排综合实践环节的任务分配如表7-1。

表 7-1　课程设计学时分配

序号	设计(上机)内容	完成期限
1	ETAP 软件认识与操作	1 天
2	电力系统模型搭建	2 天
3	电力系统潮流分析	2 天
4	电力系统功率分布及仿真分析	1 天
5	电力系统短路故障仿真分析	3 天
6	电力系统暂态稳定性仿真分析	3 天
7	整理报告,准备答辩	1 天
8	质疑与考核,完善报告	1 天

7.2 典型电力系统仿真模型搭建

7.2.1 实验目的

1.通过上机实践学会使用 ETAP 软件建立仿真模型。

2.通过仿真模型的建立过程,加深对系统元件参数的理解。

7.2.2 实验操作要求

ETAP 软件是以工程来管理工作的。同时,在 ETAP 软件中,潮流分析、短路分析、继电保护配合、暂态稳定分析、电机起动分析、谐波分析、可靠性评估、优化潮流等工作的实现都是以单线图为基础的。本章要求建立一个经典的电力系统模型,介绍建立工程和单线图的基本内容,以及元件参数如何录入的问题。学生可参照表 7-2 进行实验任务的自查。

表 7-2 实验任务自查表

序号	问题	自审
1	简单电力系统仿真模型的搭建	完成/未完成
2	如何找到各个元器件	完成/未完成
3	如何新建一个项目	完成/未完成
4	如何设置元器件的参数	完成/未完成
5	如何验证所搭建模型的正确性	完成/未完成

7.2.3 实验内容和步骤

1.建立工程

(1)单击桌面上的"中文 ETAP11.1.1"图标,打开 ETAP11.1.1 中文版软件,如图 7-1 所示。

图 7-1 ETAP 11.1.1 界面

（2）打开文件下拉菜单，点击"新建工程"。

（3）输入文件名，如："电力系统模型1"，选择"米制"，选择文件保存的路径，如图7-2所示。

图7-2　输入工程文件名的界面

（4）点击"确定"，打开 ETAP 软件的编辑模式，如图7-3所示。图中自上而下，依次为：标题栏、菜单栏、工具栏、ETAP 软件模块栏、帮助栏；右侧为电力及电气系统元件栏，包括交流元件、直流元件和仪表及继电器栏；左侧是系统工具栏和项目管理器，其中项目管理器包括工程视图、单线图、回收站等。

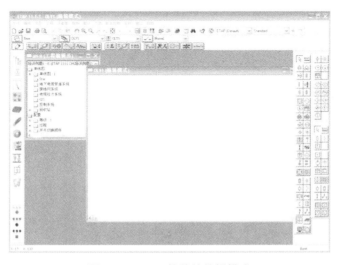

图7-3　ETAP 软件的编辑模式

2．建立单线图

（1）鼠标左键单击元件栏中的交流元件，拖曳到图纸 OLV1（编辑模式）上，如图 7-4 所示。这些元件分别是等效电网、变压器、传输线、电缆、等效负荷、母线等。

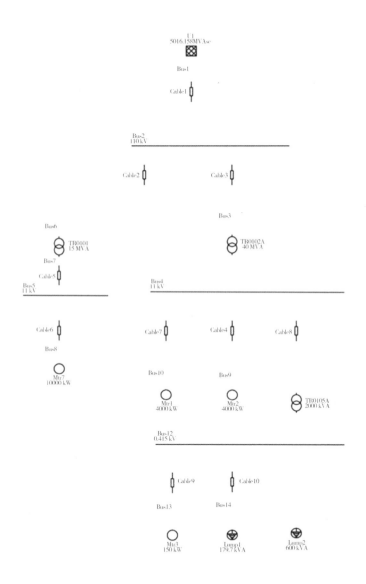

图 7-4　在单线图上添加电力系统元件

（2）鼠标左键单击元件的连接端子，拖曳到另一个元件的连接端子，呈现红色表示可以连线。依次连线，建立的单线图如图 7-5 所示。

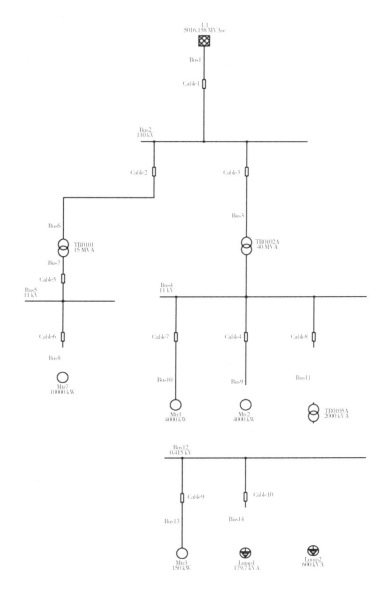

图 7-5　建立的系统单线图

　　对想要拷贝的元件利用鼠标左键框选,被选中的元件默认情况下在单线图上以红色显示,在被拷贝元件上右击,在右击菜单中选择"复制"选项,或者按"Ctrl+C"键,鼠标移动到需要粘贴的区域,右键菜单选择"从回收站移出"选项,软件在当前区域粘贴复制出的元件,并以一个元件组的形式整体显示和移动位置。想要单独移动或者调整单个元件的位置,首先要对元件组进行拆组,可以通过右击菜单,取消选择"组"选项,然后再单独移动单个元件调整位置。

左右两侧的系统在各级电压等级下的主母线中间添加断路器元件,并与母线连接。中间母联开关的添加要区分电压等级,对于低压部分需要添加 ETAP 低压断路器模型,中高压部分添加 ETAP 高压断路器模型。可以使用"Ctrl+R"键旋转元件朝向,或者从右击菜单"旋转"选项调整元件方向。

3. 输入元件参数

(1)ETAP 元件参数可以通过双击元件模型操作打开对应的元件参数编辑器,进而填写相关参数。

针对不同的分析计算,所需要录入的参数不同,用户只需录入将要执行的分析所需要的数据。双击单线图的元件图标,打开元件编辑器,即可录入元件的相关参数。同时,ETAP 软件还另外提供了一些快速录入数据的便捷方式,如:采用元件数据库,快速录入元件参数;可选择不同的非独立参数录入参数,ETAP 可自动转换为系统内部参数。

(2)录入等效电网 U1 。

双击元件"等效电网 U1",输入参数:额定电压 110 kV,三相短路容量=2 500 MV·A,单相短路容量=2 000 MV·A,X/R 皆取 30,如图 7-6 所示。

图 7-6 等效电网参数录入界面

（3）录入变压器参数。

双击"变压器 T1"，打开变压器编辑器，输入相应参数，如图 7-7 和图 7-8 所示。以同样的方式录入变压器 T2、T3 的参数值，具体参数值见表 7-3。

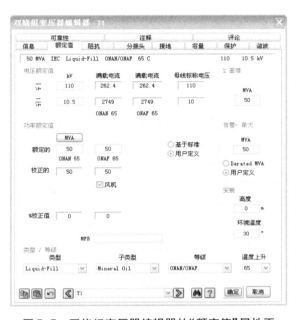

图 7-7　双绕组变压器编辑器的"额定值"属性页

图 7-8　双绕组变压器编辑器的"接地"属性页

表7-3　基础参数录入表

元件名称	元件参数及说明	
等效电网 U1	额定电压	110 kV
变压器 TR0102A	一次侧/二次侧电压	110/11 kV
	额定容量	40 MV·A
	阻抗	取典型值
变压器 TR0101	一次侧/二次侧电压	110/11 kV
	额定容量	15 MV·A
	阻抗	取典型值
感应电动机 Mtr1	额定功率	4000 kW
电缆 Cable7	长度	35 m
	规格	BS6622,11 kV,3/C,Cu,XLPE,150 mm²

（4）录入等效负荷参数。

双击元件"等效负荷 Lump1"，打开等效负荷编辑器"铭牌"属性页，如图7-9所示，录入相应的参数：额定容量 = 18 MV·A，功率因数（PF）= 95%。随后 ETAP 自动生成 17.1 MW、5.62 Mvar、1 039 A。负荷模型选定：恒容量 kV·A = 100%，ETAP 自动生成恒阻抗 = 0%。负荷类型-Design = 100%、负荷类型-Normal = 90%。

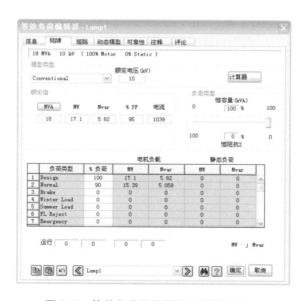

图7-9　等效负荷编辑器的"铭牌"属性页

（5）录入静态负荷参数。

在静态负荷 Load 1 的"负荷"属性页输入：额定容量＝8 MV·A；功率因数（PF）＝85%。ETAP 自动生成 6.8 MW、4.214 Mvar、461.9 A 等数据；负荷类型－Design＝100%，负荷类型－Normal＝80%。如图 7-10 所示。

图 7-10　静态负荷编辑器的"负荷"属性页

（6）录入电动机及发电机的参数。

在感应电动机 Mtr1 的"铭牌"属性页输入：额定功率 2 000 kW、额定电压 10 kV，系统自动生成视在功率，满载电流，100%、75%、50% 负载下的功率因数、效率、滑差及转速，如图 7-11 所示。

图 7-11　感应电机编辑器的"铭牌"属性页

录入发电机 Gen1 的参数控制方式为无功控制;额定有功功率 = 25 MW;额定电压 = 10.5 kV;功率因数 = 80%;Gen. 种类 - Design,有功功率 = 25 MW,无功功率 = 15.5 Mvar,Q_{max} = 18.75 Mvar,Q_{min} = -8 Mvar;Gen. 种类 - Normal,有功功率 = 20 MW,无功功率 = 12.4 Mvar,Q_{max} = 15 Mvar,Q_{min} = -6.5 Mvar,如图 7-12 所示。

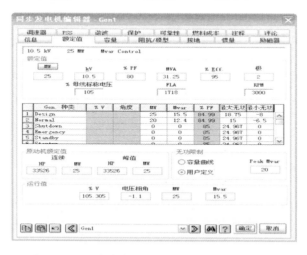

图 7-12　同步发电机编辑器的"额定值"属性页

(7)录入电缆参数。

电缆 Cable1 的"信息"属性页如图 7-13 所示,Cable1 长度 = 200 m,从 ETAP 数据库中选择 BS6622 XLPE 电缆,选定标称面积 = 50 mm²。ETAP 自动生成单位长度的电阻、电抗和电纳的数值,电缆 Cable1 的"阻抗"属性页如图 7-14 所示。以同样方式录入 Cable2、Cable4、Cable5 的参数值,具体参数值见表 7-4。

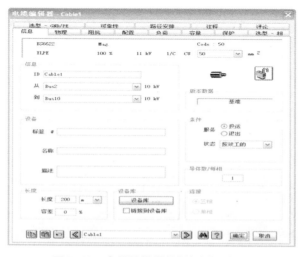

图 7-13　电缆编辑器的"信息"属性页

图 7-14   电缆编辑器的"阻抗"属性页

表 7-4   系统所有电缆的主要参数

电缆名称	电缆型号	截面积/mm²	长度/m
Cable1	BS6622 XLPE	50	200
Cable2	BS6622 EPR	400	30
Cable4	BS6622 EPR	400	500
Cable5	BS6622 EPR	400	500

（8）录入电抗器参数。

如图 7-15 所示,在电抗器 X1 的"额定值"属性页输入:额定电压 = 10 kV、额定电流 = 3 000 A、UR（%）= 10、X/R = 34（取典型值）。输入阻抗有名值:正序阻抗 = 0.192 4 Ω,零序阻抗 = 0.192 4 Ω。阻抗的计算过程为 $Z = 10\% \times 10 \times 10^3 / (1.732 \times 3\ 000)$ Ω ≈ 0.192 4 Ω。

（9）母线标称电压取系统标称电压。

（10）断路器额定电压取 ETAP 设备数据库的相关断路器的额定电压。

图 7-15 电抗器编辑器的"额定值"属性页

7.2.4 思考题

通过上述操作,可以掌握简单电力系统单线图的创建和基本元件参数的输入方法。结合以上操作,对实验进行进一步思考。

1. ETAP 拷贝元件的方法有哪些?

2. 在上面操作过程中我们是否可以先填写参数再拷贝元件?

3. ETAP 的复制元件与我们常规"Ctrl+C & Ctrl+V"的复制元件有什么不同?

4. 如果我们误删除了一些元件,该如何找回对应的元件?

7.3 电力系统潮流的仿真与分析

7.3.1 实验目的

1. 掌握 ETAP 软件潮流分析模块。

2. 学会用多种方式输出潮流仿真结果。

7.3.2 实验操作目标

潮流计算是电力系统分析重要的知识点,用于了解电力系统在某种运行方案下的潮流分布,了解系统中电源功率与负荷功率的平衡关系,了解系统中的损耗情况等。预习相关操作,参照表 7-5 进行实验任务自查。

表 7-5　实验任务自查表

序号	问题	自审
1	潮流仿真模块的位置	完成/未完成
2	功率变化对电压有什么影响	完成/未完成
3	潮流仿真的步骤	完成/未完成
4	母线功率的变化受什么影响	完成/未完成
5	无功功率的变化受什么影响	完成/未完成
6	如何选择潮流分析的算法	完成/未完成

7.3.3　实验操作步骤

1. 简单潮流计算

（1）编辑好单线图并录入参数后，点击模式工具栏的"潮流分析"按钮，切换到潮流分析模式，弹出分析案例工具栏，窗体右侧切换为潮流工具栏。

（2）在潮流分析案例工具栏上，通过"分析案例"下拉菜单选择想要编辑的分析案例名称，如 LF，切换到分析案例 LF（也可以新建一个潮流分析案例）。

（3）在潮流分析案例工具栏上，点击"编辑分析案例"按钮，打开"潮流分析案例"编辑器，编辑该潮流分析案例。该编辑器中四个属性页的具体设置如表 7-6。图 7-16 和图 7-17 分别为潮流分析案例编辑器的"信息"和"负荷"属性页。

表 7-6　分析案例设置表

"信息"属性页	牛顿—拉夫逊法，更新电缆负荷电流
"负荷"属性页	负荷种类：Normal，负荷调整系数：无
"调整"属性页	默认设置
"报警"属性页	默认设置

图 7-16　潮流分析案例编辑器的"信息"属性页　　图 7-17　潮流分析案例编辑器的"负荷"属性页

（4）编辑好潮流分析案例后，点击潮流工具栏中的"启动潮流计算"按钮，ETAP 运行潮流分析案例 LF，选取输出报告名称为"LF_Report"。

2.负荷调整后的潮流计算

按照表 7-7 设置一部分元件的参数。基于修改的负荷参数以及分析案例设置，进行第二次潮流计算分析，并切换显示潮流计算结果，观察系统左右两侧潮流分布，并与第一次潮流计算结果进行比较。

表 7-7　负荷参数修改表

元件名称	参数修改	元件名称	参数修改
Mtr7	负荷 Normal =60%	Mtr3	负荷 Normal =50%
Mtr1	负荷 Normal =90%	Lump1	负荷 Normal =80%
Mtr2	负荷 Normal =50%	Lump2	负荷 Normal =75%

7.3.4　思考题

通过本练习的操作和训练，可以学习到 ETAP 潮流计算功能的使用方法，以及利用不同设置下的分析案例计算系统不同运行情况下的潮流分布。能快速从软件计算结果和报告中获取需求的功率、电压、压降水平、系统功率消耗等指标结果。

1.第一次潮流计算后，从单线图上我们可以直观观察到当前电力系统的潮流情况，哪些元件的运行有问题？分别该如何处理？

2.基于第一次潮流计算结果，我们如何利用软件对导体选型？

3.通过修改分析案例和负荷参数计算第二次潮流，你能得出什么经验？

7.4　短路故障的仿真与分析

7.4.1　实验目的

1.通过上机实践学会使用短路分析模块。

2.学会短路故障设置的方法。

3.对比不同地点相同故障下短路电流的分布情况。

7.4.2　实验操作目标

短路计算是对电力系统发生短路故障做的分析计算，电力系统中可能发生三相对称故障,也可能发生三相不对称故障,ETAP 短路计算模块提供了三相对称短路、单相接地、相间故障、相间接地故障等不同短路方式的计算,短路分析可以帮助电力系统工程师计算不同故障方式下的故障电流水平,用于设备选型、保护计算等方面的分析。预习相关知识,参照表7-8进行实验任务自查。

表7-8　实验任务自查表

序号	问题	自审
1	电力系统中短路的类型	完成/未完成
2	怎样设置短路故障	完成/未完成
3	不同类型短路故障的区别	完成/未完成
4	同一故障不同地点短路故障的区别	完成/未完成

7.4.3　实验内容与步骤

1. 设置短路计算需求参数

(1)点击模式工具栏中的"短路分析"按钮,切换到短路案例分析模式。此时,右侧的工具栏转换为短路分析工具栏。

(2)补充其他参数,如表7-9。

表7-9　短路计算需求补充参数

元件名称	补充参数
等效电网 U1 & U2	短路电流 I_k = 26.328 kA,X/R = 30
Mtr1 Mtr2 Mtr4 Mtr5	%LRC = 600%
Mtr7 Mtr8	%LRC = 550%
Mtr3 Mtr6	%LRC = 650%
Lump1 Lump3	恒容量 85%
Lump2 Lump4	恒容量 50%

2. 设置对称故障位置

(1)点击"短路分析案例"编辑按钮,在"信息"属性页,故障母线选择区域分为故障栏选区和无故障栏选区。在 ETAP 短路计算中,总是将母线作为故障点进行故障电流的计算,因此我们将需要进行短路分析的母线名称从无故障栏移动到故障栏,完成故障点的设置,如图7-18所示。

图 7-18　分析案例故障母线选择

3. 设置分析参数

我们国家对于短路计算这部分标准的制定主要参考的是 IEC 标准,因此在短路计算分析案例的标准页面需要选择 IEC 标准,如图 7-19 所示。

图 7-19　短路分析案例计算标准选择界面

单击右侧分析工具栏的"启动三相短路电流计算(IEC60909)",执行三相短路分析。

第一次三相短路计算结果如图 7-20 所示。

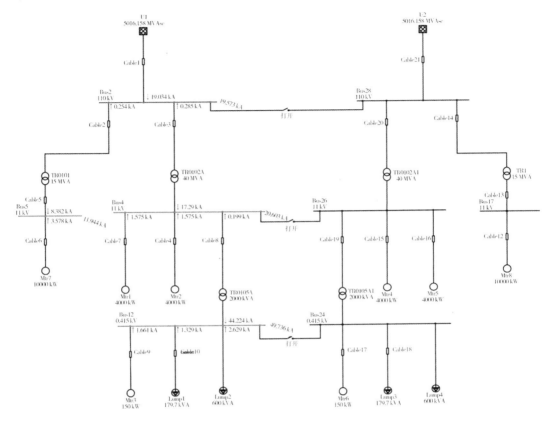

图 7-20 第一次三相短路计算结果

从单线图上我们可以观察到设置为故障点的母线在发生三相短路故障时的短路故障电流。

4. 不对称短路故障的设置与分析

(1)采用上述相同的方法,设置母线 Bus10 故障。

(2)点击短路分析工具条的"IEC60909"按钮,进行不对称短路计算。

(3)在显示选项编辑器点击"显示选项"按钮,可以在单线图上显示不同类型短路(L-G、L-L、L-L-G)的序分量、相分量以及 A 相电压和零序电流。

(4)点击"报告管理器"按钮,打开"IEC Unbalanced SC 报告管理器",显示不对称短路计算结果,如图 7-21 所示。

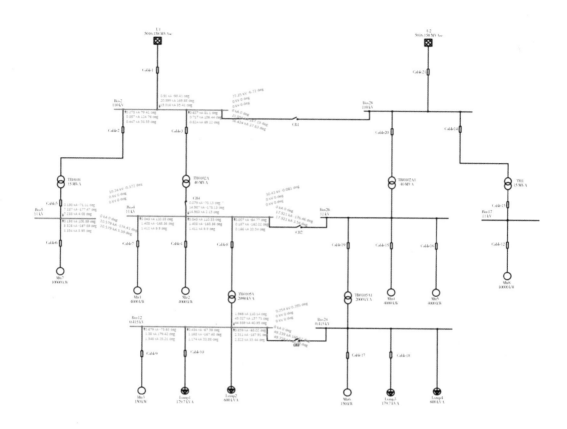

图 7-21　不对称短路计算结果

7.4.4　思考题

通过本练习的操作,能独立完成短路计算需求参数的填写,能独立完成三相系统对称故障和不对称故障下的短路电流计算,并利用短路计算结果对断路器选型进行校验。思考下列问题,完成实验报告。

1. 第一次短路计算单线图上显示的结果是否表示这几条母线为同时故障?为什么?

2. 如何查看单条母线发生短路故障的结果?此结果与同时设置多条母线故障的结果对比,两者有什么不同?

3. 缺少额定值页面参数赋值,ETAP 是否可以对 CB4 的选型校验?为什么?

4. CB4 的校验是基于什么故障电流校验的?

5. 在发生单相接地故障时,为什么 Bus4、Bus5 的短路故障电流为 0?

7.5　电动机启动的仿真与分析

7.5.1　实验目的

1. 了解 ETAP 电动机启动分析需要满足的参数要求。

2. 掌握 ETAP 电动机静态加速分析的过程。

3. 掌握 ETAP 电动机动态加速分析的过程。

4. 了解电动机多种启动方式的应用。

5. 了解多批次电动机启动分析的方法。

7.5.2　实验操作要求

在各种电力系统负荷类型中,电动机类型的旋转性负荷占了很大比例,在电力系统正常运行过程中,往往伴随着不同电动机负荷的启动与停止。电动机负荷的启动对于局部电力系统的功率平衡有不小的影响,因此需要对电动机负荷的启动过程进行考察,分析并判断电动机负荷的启动对局部电力系统的影响。预习实验,参照表 7-10 进行实验任务自查。

表 7-10　实验任务自查表

序号	问题	自审
1	电动机启动分析需要满足的参数要求	完成/未完成
2	电动机静态加速分析过程	完成/未完成
3	电动机动态加速分析过程	完成/未完成
4	多批次电动机启动方法	完成/未完成

7.5.3　实验操作步骤

1. 电动机静态分析需求参数

根据表 7-11 设置电动机参数。

表 7-11　电动机参数

额定功率	4 000 kW	额定电压	11 kV	PF%	93.06%
% EFF	94.45%	极	4	%转差	1.5
堵转%LRC		600%	堵转%PF		18%
空载加速时间		5 s	满载加速时间		9 s
启动种类	Normal	启动负荷%	20%	最终负荷%	100%
负荷变化开始时间		1 s	负荷变化结束时间		5 s

2. 分析案例设置

从实际电力系统中电动机负荷的启动过程来看,不管是单台机还是多台机的启动,电动机负荷从静止到启动完成整个过程都是在电力系统某一种具体的运行工况下完成的。因此,ETAP 电动机启动分析(不管是静态分析还是动态分析)都需要对电动机启动之前系统的运行情况、电动机启动过程中系统元件参数的调整等条件进行规定。这不单单是系统计算的要求,也是保证我们仿真结果准确性的重要措施。电机启动分析案例编辑器的“事件”属性页如图 7-22 所示。

图 7-22　电动机启动分析案例编辑器的“事件”属性页

3. 电动机的静态启动

在电动机加速分析模块视图下,点击右侧“电动机静态启动分析”按钮,模拟 Mtr1 的启动过程。从图 7-23 观察到在电动机启动时,Mtr1 的启动功率很高,从系统中吸收了大量的无功功率,系统母线出现了低电压问题,单线图上以洋红色以及红色提醒,并在报警窗口展示所有低电压母线的数值。

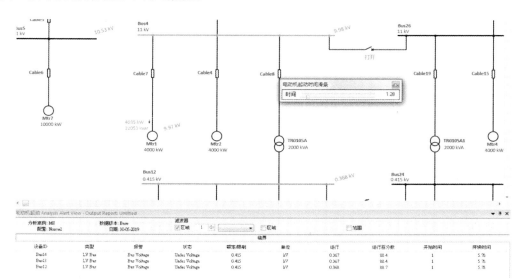

图 7-23　电动机启动单线图

通过拖动界面上的时间滑条,可以观察到不同时间段电动机加速过程中吸收的功率、电动机启动后的负荷变化以及系统电压水平等参数。

除可从单线图查看结果外,还可以生成 Mtr1 静态启动仿真的曲线,更为直观地观察结果。点击右侧的"画图选项"按钮,生成 ETAP Plot Manager 视图窗口,选择想要观察的对象及参数指标以查看对应曲线,如图 7-24 所示。

图 7-24　电动机启动电流波形

4. 电动机的动态启动

在做 Mtr1 动态启动仿真前，还需要补充一些电动机的特性参数，如表 7-12 所示。

表 7-12　电动机动态特性参数

"参数"属性页	参数设置
"模型"属性页	CKT 模型：single2，MV4700HP4P（仅更新模型参数，不更新铭牌、负荷、短路以及特性数据）
"惯量"属性页	电动机 H=0.6，联轴器 H=0.2，负荷 H=0.4
"负荷"属性页	多项式：Pump

在电动机 Mtr1 的动态启动仿真分析案例设置界面进行参数设置后，点击"电动机动态仿真"按钮进行仿真。计算结果可以从两方面进行观察：单线图拖动时间滑条观察，如图 7-25 所示；或在 ETAP Plot Manager 生成对应曲线观察，如图 7-26、图 7-27 所示。

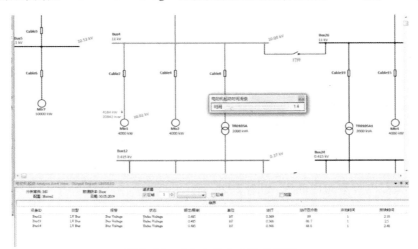

图 7-25　Mtr1 动态启动单线图

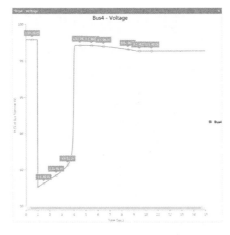

图 7-26　动态启动 Bus4 母线电压曲线

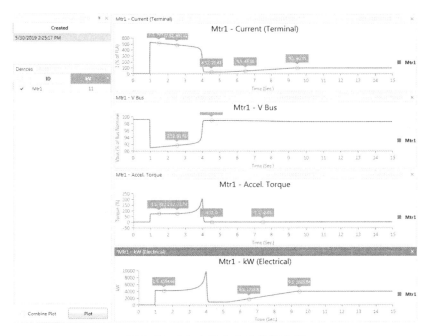

图 7-27　Mtr1 动态启动仿真曲线

7.5.4　思考题

通过练习上面的操作步骤,基本掌握电动机启动分析的方法,了解 ETAP 电动机静态和动态分析的差别。通过不同的启动方式的对比,能更好地理解不同启动方式下电动机启动过程对电力系统的影响。思考下列问题,撰写报告。

1. 静态启动仿真结果中观察到 Bus4 母线电压抬升后依然有一小段降低,原因是什么?

2. 软件中如何体现电力系统的运行工况?

3. 电动机启动时间是否参与到动态启动的仿真? 为什么?

4. 对比静态启动仿真和动态启动仿真的结果及曲线,动态启动仿真与静态启动仿真的区别有哪些?

7.6　暂态稳定性的仿真与分析

7.6.1　实验目的

1. 了解暂态稳定分析需求参数。

2. 掌握 ETAP 暂态稳定分析的操作方法。

3.学会编辑 ETAP 暂态分析案例。

4.掌握暂态事件分析结果的查看方法。

7.6.2　实验操作要求

电力系统中发生故障或者受到扰动,以及负荷的一些变化、开关的投切都会对电力系统的稳定运行产生影响。系统影响分析、故障原因分析以及系统稳定运行方案研究等都可以利用 ETAP 暂态稳定分析功能仿真模拟。预习实验,按表 7-13 完成实验任务自查。

表 7-13　实验任务自查表

序号	问题	自审
1	暂态稳定性原理	完成/未完成
2	故障切除时间对系统暂态稳定性的影响	完成/未完成
3	什么是极限切除角	完成/未完成
4	如何判断系统的稳定性	完成/未完成

7.6.3　实验操作步骤

1.发电机参数设置

该电力系统属于中低压系统,与大电网连接,并且有一台自用发电机组,包含了低压配电负荷网络、直流供电负荷网络等。

在暂态稳定分析模块中,发电机元件需要使用次暂态模型,需要考虑发电机的物理转动惯量,励磁、调速系统的调节特性,系统中的旋转性元件,如同步电动机,感应电动机等的动态模型、物理特性、负荷特性等。

发电机 Gen1 的模型定义参数如表 7-14。

表 7-14　发电机模型定义参数

参数页	参数设置
阻抗/模型页	隐极机,次暂态模型,典型参数
惯量页	发电机惯量 H=0.9
励磁器页	励磁器类型 1,典型参数
调速器页	调速器类型 ST1,典型参数
PSS 页	无

2. 暂态事件设置

（1）在暂态稳定分析案例中设置第一个事件，事件命名为 Main Bus Fault，事件触发时间 t 为 0.5 s，具体设置如表 7-15。

表 7-15　分析案例设置表

分析案例设置页	参数设置
信息页	默认设置
事件页	事件 ID：Main Bus Fault，事件 t：0.5 s
	设备类型：母线，设备 ID：Main Bus，动作类型：三相故障
	总仿真时间 t：10 s，画图步长：10，仿真步长：0.001
画图页	Gen1，Mtr2，Pump1，Main Bus，Sub2B，Sub22，Sub23
动态模型 & 调整	默认设置

（2）运行暂态稳定仿真，并观察图 7-28 所示的单线图结果以及从画图管理器中查看如图 7-29 所示的对应元件的曲线，系统电压、频率、发电机运行等特性。

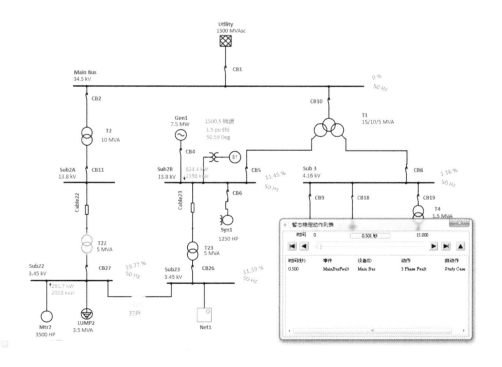

图 7-28　Main Bus 三相故障单线图结果

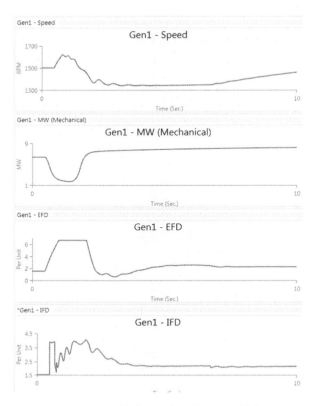

图7-29 母线故障后发电机的运行特性曲线

3. 母线故障隔离仿真

从步骤 2 的仿真结果可以观察到,系统母线发生三相故障,在故障没有清除的情况下,无法保证系统最终正常运行。在故障发生后,应该采取措施实现对故障点的隔离以及实现供电恢复。因此,需要将步骤 2(1) 中设置的主母线三相故障从这个系统中隔离掉,由当前系统中的发电机单元给这个系统供电,可以通过表 7-16 的设置完成操作。

表 7-16 故障隔离分析案例设置

分析案例设置	事件设置
事件页	添加事件 ID:SysSeparate,事件 t=0.7 s
	设备类型:断路器,设备 ID:CB2,动作类型:打开
	设备类型:断路器,设备 ID:CB10,动作类型:打开
	设备类型:发电机,设备 ID:Gen1,动作类型:Isoch
动态模型页	选择自动指定参考电机为每一个子系统选项

基于上面的分析案例设置,再次进行暂态稳定仿真,并观察发电机的功率、相角、

励磁电压,系统母线电压,电动机的功率、转差等指标。故障隔离单线图结果如图 7-30 所示,故障隔离后系统母线电压和频率曲线如图 7-31 所示,故障隔离后发电机曲线如图 7-32 所示。

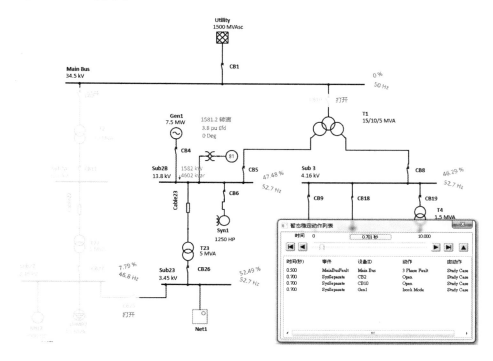

图 7-30　故障隔离单线图结果

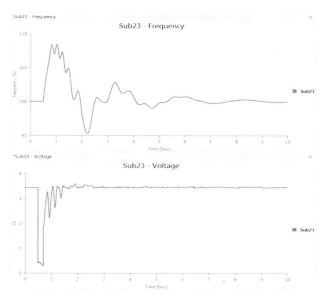

图 7-31　故障隔离后系统母线电压和频率曲线

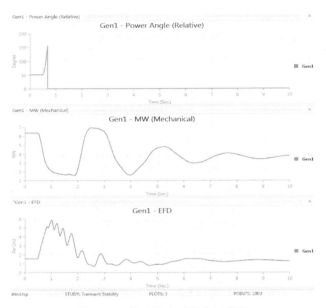

图7-32 故障隔离后发电机曲线

通过观察上面的结果和曲线,在故障从该系统中隔离之后,发电机加载所有负荷,系统的电压、频率等特性指标发生了很大的震荡。

7.6.4 思考题

通过本练习的操作和学习,掌握了 ETAP 暂态稳定分析对元件参数的需求,了解了仿真暂态事件的过程以及对计算结果的观察方法,更好地理解了电力系统稳定运行的条件以及暂态分析的重要性。

1. 如果设置发电机的动作类型为 Drop,那么计算结果会有什么不同?

2. 假设原先 CB25 是闭合状态,观察结果及曲线,你发现了什么?

3. 负荷供电恢复后,系统还存在什么问题? 是什么原因造成的?

4. 甩负荷操作中,CB9 和 CB19 下面所带的负荷哪一个优先级高?

5. 甩负荷完成后系统中还有什么样的问题? 该如何解决?

7.7 综合能力需求

"电力系统分析综合仿真实验"是模拟多个电力系统设计与分析的工程场景综合仿真,涉及知识全面、训练方案完备,通过该实践环节的学习,学生可以进一步认识电力系统的各种物理现象,加深对电力系统相关课程理论的理解,培养学生综合运用理论知识,

采用计算机仿真等手段分析问题、解决问题的能力,从而达到提高学生科学素养和工程
实践能力的目的。

有效的考核方式和组织形式也是实践教学的重要保障。综合实验的成绩评定方法包
括过程性评价和结论性评价两个部分,分为实验报告、实际操作和答辩验收三种形式。首
先,在实验报告的评分标准中注重实验方案设计的创新性、完备性,结果分析的正确性、图形
的清晰程度,当然,出现较大的设计错误将会影响最终成绩;然后,在实际操作能力方面注重
考核操作的规范性、结果的正确性;最后,在答辩验收环节,重点考核问题表述的清晰程度、
专业术语使用的规范性,同时增设组内互评制度,用于评估工作态度和沟通合作能力。

综合全部仿真内容及工程问题,大致包括以下 9 个考核要点:

1. 电力系统网络结构和运行方式问题分析;

2. 电力系统潮流分布问题分析;

3. 对电力系统进行实验验证并分析实验结果;

4. 对所设计的电力系统进行分析验证以确定最终设计方案;

5. 分析比较各种仿真结果并形成报告,获得有效结论;

6. ETAP 仿真技术的运用;

7. 电能质量对电力系统稳定性的影响;

8. 就电力系统相关问题进行表述的能力;

9. 自主学习能力。

借鉴工程认证的相关指标,将综合实验的培养能力进行分析,考虑 9 个相关考核要
点,得出在毕业指标方面的能力分布,简述如表 7-17。

表 7-17　综合仿真实验的能力指标

能力指标	考核点	考核标准	考核手段
工程知识	考核点 1 ~ 考核点 7	掌握专业基础理论,面向电力电子与电力传动和电力系统及其自动化专业方向,具有分析和解决复杂电气工程问题的能力	操作技能、报告分析
问题分析	考核点 1,考核点 2	能根据所学知识的基本原理,分析复杂电气工程问题的特定需求并建立其关键环节	实验报告分析
	考核点 1,考核点 2	能利用数学、自然科学和工程科学的基本原理,分析复杂电气工程问题的工作机理,针对复杂工程问题建立数学和物理模型并得出恰当结论	实验报告分析

表 7-17（续）

能力指标	考核点	考核标准	考核手段
设计/开发解决方案	考核点 3，考核点 4	能综合专业基础课程与专业方向的课程学习知识，针对复杂电气工程问题，制订具体的解决方案，设计系统部件参数	仿真操作技能、实验报告分析
问题研究	考核点 5	能正确设计实验步骤并操作实验装置，安全有效地开展电气工程实验，正确采集和整理实验数据	实验方案设计
	考核点 5	具备对实验数据和结果进行信息综合的能力，对其进行分析和给出合理的解释，并与理论分析进行比较，得出正确的结论	分析实验结果
使用现代工具	考核点 6	能选择、使用或开发恰当的技术、资源和工具来解决复杂电气工程问题	操作技能
环境与可持续发展	考核点 7	了解电气工程对环境和社会可持续发展的影响	分析实验结果
工程素养	考核点 8	能就复杂电气工程问题做出口头的清晰表达，并撰写出格式规范的设计报告	验收答辩
自主学习	考核点 9	具有自主学习与终身学习并适应发展的能力	检索报告、方案设计

第 8 章 基于 ETAP 的供用电系统综合课程设计

8.1 概述

8.1.1 课程设计在专业培养目标中的定位

"供配电设计"是电气专业的专业必修课,"供用电系统综合课程设计"为该课程对应的工程训练项目,是非常重要的教学实践环节。实践内容主要是 35 kV 以下中、小型工业企业供电系统中的负荷计算、短路电流计算、变电所主结线设计、继电保护系统设计以及高低压电气设备和线路选择等,具有很强的工程应用背景。

在专业培养目标中,供电系统综合课程设计的定位是:学生通过综合实践教学的训练,掌握供电系统的工程设计步骤和方法;提高学生的设计计算能力;培养学生基本理论与实际工程问题相结合的基本素质和能力;使学生具备一定的复杂供配电工程设计能力,并能运用相关专业知识解决工厂复杂供配电系统工程问题,为学生今后从事供配电技术相关工作奠定基础。

8.1.2 课程设计的仿真需求

作为一个经典的课程设计,供用电系统综合课程设计主要用于提高学生的工程能力。传统的教学是采用"某机械厂供配电系统设计"为题目进行设计,设计成果包括设计说明书及相关的变配电所主结线图、平面图等[20],主要内容有:

1. 负荷计算及无功功率补偿;

2. 变电所所址和型式的选择;

3. 变电所主变压器台数、容量及类型的选择;

4. 变电所主结线方案的设计;

5. 短路电流的计算;

6. 变电所一次设备的选择;

7. 变电所二次回路方案的选择及继电保护装置的选择与整定;

8. 变电所防雷保护与接地装置的设计。

可以看出,此类综合类型的课程设计专业知识面广、工程应用背景突出,实训内容需紧跟市场发展,结合时代要求。但现实条件往往受到很多局限,比如一般实验室很难实现与实际供电系统相同的高电压、大电流工作环境,而建设实际供电系统一方面费用极高,另一方面无法满足破坏性试验的需求,不具有针对性的仿真软件又无法达到直观的教学效果。基于此,引入专业的电力系统仿真软件来实现课程设计的直观教学、强化学生的工程设计能力非常有必要。

ETAP 是一款功能全面的综合型电力及电气专业分析计算软件,能为发电、输配电和工业电力电气系统的规划、设计、分析、计算、运行、模拟提供全面的分析平台和解决方案。使用 ETAP 软件进行课程设计的辅助分析对于提高教学效果,增强学生学习的主动性,提升工程能力具有一定的积极作用。

8.1.3 任务分配及实践流程

"供用电系统综合课程设计"教学训练项目分为方案设计、初步设计、施工图设计三个阶段。指导教师将电力系统工程设计目标、设计要求形成任务书,分发给每个选课学生,并确保每个题目的独立性和难度的一致性。在实践活动过程中,安排好时间节点,确保每个环节的连贯性。实践活动采用多学科融合的形式,比较全面地训练学生解决复杂工程问题的能力。

第一阶段为方案设计阶段,学生在接到设计任务书后,能够通过文献研究寻求复杂电气工程问题的解决方案并加入自己的创新性。在设计过程中,设计变配电所主接线,应能够按所选主变压器的台数和容量以及负荷等级要求,初步确定 2 ~ 3 个比较合理的主接线方案,然后通过供电的安全性、可靠性,电能质量,运行的灵活性和扩展的适应性等技术指标以及线路和设备的综合投资额、变配电所的年运行费、供电贴费和线路有色金属消耗量等经济指标进行比较,择其优者作为选定的变配电所主接线方案;第二阶段为初步设计阶段,学生能够综合运用所学知识独立完成方案设计、负荷计算、电气设备选型及相关参数的设定,继电保护系统设计及保护值整定,完成设计说明书;第三阶段为施工图设计阶段,运用 AUTOCAD 和 Microsoft Visio等软件绘制变配电所主接线图,并能够就复杂电气工程问题做出口头的清晰表达。本综合设计共计 2 周,大致安排如表 8-1。

表 8-1　课程设计学时分配

内容	学时/天
布置设计任务,发任务书,讲解设计过程与安排并答疑	1
根据任务书进行负荷计算以及功率因数补偿	1
根据负荷计算的结果进行变电所所址的选择和变压器台数、容量的计算	1
变电所主结线方案的设计,导线和电缆截面选择	1
进行短路电流计算以及主要电气设备的选择与校验	1
变配电所的继电保护设计	1
根据以上数据,绘制变电所主接线图	1
整理设计说明书和设计的图纸	2
答辩和验收	1

本章主要说明 ETAP 专业分析软件在综合供电课程设计指导中的辅助作用,因此对于综合供电设计的详细设计过程不再赘述。

8.2　ETAP 在负荷分析中的应用

8.2.1　基础数据及设计需求

以经典的"某机械厂降压变电所的电气设计"为题目,给出相应的基础数据和设计需求。方案设计要求根据本厂所能取得的电源及本厂用电负荷的实际情况,并适当考虑到工厂生产的发展,按照安全可靠、技术先进、经济合理的要求,确定变电所的位置与型式,确定变电所主变压器的台数、容量、类型,选择变电所主接线方案及高低压设备和进出线,确定二次回路方案,选择整定继电保护装置等。

根据工厂的负荷数据进行负荷计算后得到总的数据,再根据无功补偿算法进行总容量的计算,如表 8-2 所示,进而设计变压器的容量和台数。

表 8-2　无功补偿后工厂的计算负荷

项目	$\cos \varphi$	计算负荷			
		P_{30}/kW	Q_{30}/kvar	S_{30}/kV·A	I_{30}/A
380 V 侧补偿前负荷	0.8	915.62	693.52	1 144.5	1 738.9
380 V 侧无功补偿容量	—	—	−450	—	—
380 V 侧补偿后负荷	0.97	915.62	243.52	947.45	1 440.10
主变压器功率损耗	—	14.21	56.85	—	—
10 kV 侧负荷总计	0.95	929.83	300.37	977.14	56.51

根据工厂的负荷性质和电源情况,工厂变电所的主变压器可有下列两种方案。

方案一:装设一台主变压器。

要求该变压器的容量 $S_{N.T}$ 满足全部用电设备总计算负荷 S_{30} 的需要,即

$$S_{N.T} \geq S_{30} = 977.14 \ kV \cdot A$$

方案二:装设两台主变压器。

装设两台主变压器的变电所,每台变压器的容量 $S_{N.T}$ 应同时满足下列两个条件:

任意一台变压器单独运行时,宜满足总计算负荷 S_{30} 的 60% ~70% 的需要,即

$$S_{N.T} \geq (0.6 \sim 0.7) S_{30} \approx (586.3 \sim 684.0) kV \cdot A$$

任意一台变压器单独运行时,应该满足全部一、二级负荷的需要,即

$$S_{N.T} \geq S_{30(I+II)} = (193.31 + 184.11 + 72.57) kV \cdot A \approx 450.0 \ kV \cdot A$$

按上面考虑的两种主变压器的方案可设计两种主接线方案:装设一台主变压器的主接线方案;装设两台主变压器的主接线方案。下面分别对两种主接线方案进行仿真比较。

8.2.2 仿真比较验证

根据对应的数据建立 ETAP 模型,并仿真潮流分析。两种方案得到的仿真单线图分别如图 8-1 和图 8-2 所示,潮流分析数据如图 8-3 所示。

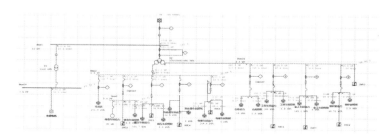

图 8-1 一台变压器供电方案仿真单线图

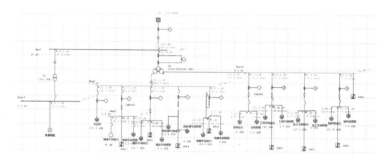

图 8-2 两台变压器供电方案仿真单线图

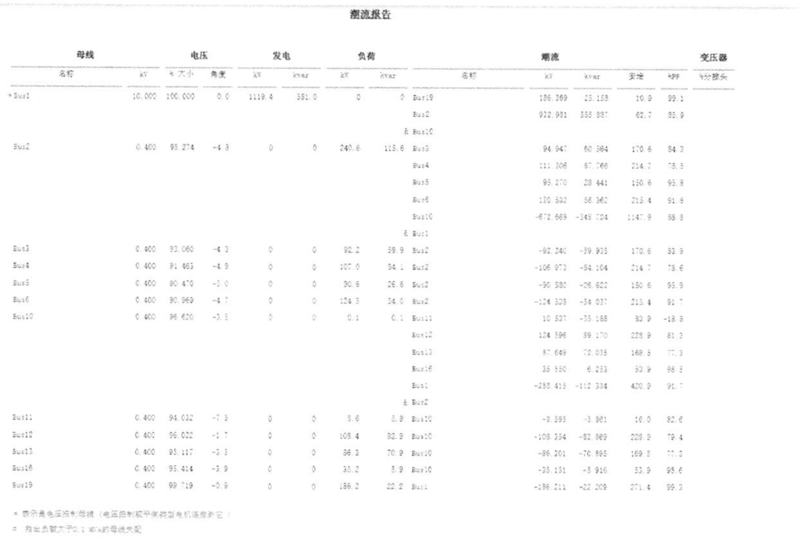

潮流报告

母线 名称	母线 kV	电压 % 大小	电压 角度	发电 kW	发电 kvar	负荷 kW	负荷 kvar	潮流 名称	潮流 kW	潮流 kvar	潮流 安培	潮流 %PF	变压器 %分接头
* Bus1	10.000	100.000	0.0	1119.4	581.0	0	0	Bus19	186.369	25.158	10.9	99.1	
								Bus2	922.981	555.897	62.7	85.9	
							&	Bus10					
Bus2	0.400	95.274	-4.3	0	0	240.6	115.6	Bus3	94.947	60.564	170.6	84.3	
								Bus4	111.306	87.766	214.7	78.5	
								Bus5	95.270	28.441	150.6	95.8	
								Bus6	130.532	56.362	215.4	91.8	
								Bus10	-672.669	-348.724	1147.9	88.8	
							&	Bus1					
Bus3	0.400	93.060	-4.2	0	0	92.2	59.9	Bus2	-92.240	-59.935	170.6	83.9	
Bus4	0.400	91.463	-4.9	0	0	107.0	84.1	Bus2	-106.973	-84.104	214.7	78.6	
Bus5	0.400	90.470	-3.0	0	0	90.6	26.6	Bus2	-90.580	-26.622	150.6	95.9	
Bus6	0.400	90.969	-4.7	0	0	124.5	54.0	Bus2	-124.533	-54.037	213.4	91.7	
Bus10	0.400	96.620	-3.5	0	0	0.1	0.1	Bus11	10.527	-35.188	83.9	-18.8	
								Bus12	124.396	99.170	228.9	81.3	
								Bus13	87.649	72.035	168.5	77.3	
								Bus16	35.550	6.253	53.9	98.8	
								Bus1	-258.415	-112.334	420.9	91.7	
							&	Bus2					
Bus11	0.400	94.032	-7.5	0	0	3.6	3.9	Bus10	-3.595	-3.861	16.0	82.6	
Bus12	0.400	96.022	-1.7	0	0	108.4	82.9	Bus10	-108.354	-82.869	228.9	79.4	
Bus13	0.400	93.117	-3.5	0	0	86.3	70.9	Bus10	-86.201	-70.895	169.5	77.3	
Bus16	0.400	95.414	-3.9	0	0	35.2	5.9	Bus10	-35.151	-5.916	53.9	95.6	
Bus19	0.400	99.719	-0.9	0	0	186.2	22.2	Bus1	-186.211	-22.209	271.4	99.3	

* 表示是电压控制母线（电压控制或平衡类型电机连接到它）

\# 指出负载大于0.1 MVA的母线失配

图 8-3　潮流分析数据

经过对比发现所得数据与计算相差不多，如铸造车间计算值$P=90$ kW，$Q=91.8$ kvar，在潮流报告中 Bus3（铸造车间）$P=94.2$ kW，$Q=91.8$ kvar；锻压车间计算值$P=105$ kW，$Q=123$ kvar，在潮流报告中 Bus4（锻压车间）$P=109.4$ kW，$Q=121.7$ kvar。可以看出理论值与实际值相差不大，实验误差可能是由负荷传输距离不准确和变压器正序阻抗、负序阻抗不一样造成的。

8.3　ETAP 在器件选型与校验中的应用

8.3.1　短路计算

根据短路电流计算过程，得到短路的计算结果如表 8-3。CB4 额定值页的参数设置列于表 8-4。

表 8-3　短路计算结果

短路计算点	三相短路电流/kA					三相短路容量/MV·A
	$I_k^{(3)}$	$I''^{(3)}$	$I_\infty^{(3)}$	$i_{sh}^{(3)}$	$I_{sh}^{(3)}$	$S_k^{(3)}$
k-1	1.96	1.96	1.96	5.0	2.96	35.7
k-2	19.7	19.7	19.7	36.2	21.5	13.7

表 8-4　CB4 额定值页参数设置

额定电压	12 kV	额定电流	2 500 A
开断电流	20 kA	峰值电流	50 kA
短时耐受电流	20 kA	短时耐受时间	3 s
最小延时	0.05 s		

8.3.2　断路器选择与校验

计算 Bus4 母线三相短路故障,并观察结果,如图 8-4 所示。

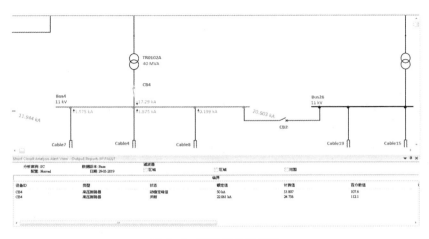

图 8-4　断路器参数校验

从结果图中可以发现,报警信息显示断路器参数存在问题,这可以对断路器选择的参数进行校验,从而有利于设计的选型。

8.4　ETAP 在继电保护设计中的应用

8.4.1　继电保护整定数据设计

1. 主变压器的继电保护装置

(1)装设瓦斯保护。

当变压器油箱内由故障产生轻微瓦斯或油面下降时,瓦斯保护瞬间动作于信号;当因严重故障产生大量瓦斯时,瓦斯保护应动作于跳闸。

(2)装设反时限过电流保护。

采用 DL-11/10 过电流继电器,两相两继电器式接线,去分流跳闸的操作方式。

①过电流保护动作电流的整定。

过电流保护动作电流 I_{op} 的整定计算公式为

$$I_{\mathrm{op}}=\frac{K_{\mathrm{rel}}K_{\mathrm{w}}}{K_{\mathrm{re}}K_{\mathrm{i}}}I_{\mathrm{L.max}}$$

其中，K_{rel} 为保护装置的可靠系数，取为 1.2；K_{w} 为保护装置的接线系数，由于是对相电流接线，取为 1；K_{re} 为电流继电器的返回系数，取 0.8；K_{i} 为电流互感器变比，经计算为 20。

因此，整定动作电流

$$I_{\mathrm{op}}=\frac{1.2\times1}{0.8\times20}\times115=8.1(\mathrm{A})$$

为满足后续电流速断保护，将过电流保护动作电流 I_{op} 整定为 9 A。

② 过电流保护动作时间的整定。

由于本变电所为电力系统的终端变电所，故其过电流保护的动作时间可整定为最短的 0.5 s。

③过电流保护灵敏系数的检验。

灵敏度检验公式为

$$K_{\mathrm{s}}=\frac{I_{\mathrm{k.min}}^{(2)'}}{I_{\mathrm{op1}}}\geqslant1.5$$

其中，$I_{\mathrm{k.min}}^{(2)'}$ 为变压器二次侧在系统最小运行方式下，发生两相短路时一次侧的穿越电流。

$$I_{\mathrm{k.min}}^{(2)'}=I_{\mathrm{k-2}}^{(2)'}/(\sqrt{3}K_{\mathrm{T}})=0.866\times22.17/[\sqrt{3}\times(10/0.4)]=0.44(\mathrm{kA})$$

$$I_{\mathrm{op.1}}=(I_{\mathrm{op.KA}}K_{\mathrm{i}})/K_{\mathrm{w}}=(9\times20)/1=180(\mathrm{A})$$

因此，保护灵敏系数 K_{s} = 440/180 = 2.44 > 1.5，满足规定的灵敏系数大于等于 1.5 的要求。

（3）装设电流速断保护。

① 速断电流的整定。

动作电流的整定公式为

$$I_{\mathrm{op.KA}}=\frac{K_{\mathrm{rel}}K_{\mathrm{w}}}{K_{\mathrm{i}}}I_{\mathrm{k.max}}^{(3)'}$$

式中，$K_{\mathrm{rel}}=1.2$，$K_{\mathrm{w}}=1$，$K_{\mathrm{re}}=0.8$，$K_{\mathrm{i}}=20$。其中，$I_{\mathrm{k.max}}^{(3)'}$ 为变压器二次侧母线在系统最大运行方式下，三相短路时一次侧的穿越电流，其值为

$$I_{k.max}^{(3)'} = I_{k-2}^{(3)} / K_T = 22.17 \times (0.4/10) = 0.89 (kA)$$

因此,动作电流

$$I_{op.KA} = \frac{1.3 \times 1}{20} \times 890 = 57.85 (A)$$

选 DL-11/100 电流继电器,线圈并联,整定动作电流为 58 A。

②电流速断保护灵敏系数的检验。

利用灵敏度计算公式 $K_s = \dfrac{I_{k1.min}^{(2)}}{I_{op1}} \geq 1.5$,其中,$I_{k1.min}^{(2)}$变压器一次侧最小两相短路电流。

$$I_{k1.min}^{(2)} = I_{k-1}^{(2)} = 0.866 \times 2.74 = 2.37 (kA)$$

$$I_{op.1} = (I_{op.KA} K_i)/K_w = (58 \times 20)/1 = 1\ 160 (A)$$

因此,其保护灵敏系数 $K_s = $ 2 370A/1 160A = 2.04 满足灵敏系数的要求。

2. 作为备用电源的高压联络线的继电保护装置

(1) 装设定时限过电流保护。

亦采用 DL 型电磁式过电流继电器,两相两继电器式接线。

①过电流保护动作电流的整定。

利用公式

$$I_{op.KA} = \frac{K_{rel} K_w}{K_{re} K_i} I_{L.max}$$

式中,$K_{rel} = 1.2$,$K_w = 1$,$K_{re} = 0.85$,$K_i = 20$。其中,$I_{L.max} = (1.5 \sim 3.0) I_{1N}$,这里取 $I_{L.max} = 2I_{1N}$。

因此,得到

$$I_{1N} = \frac{(S_{30.2} + S_{30.6} + S_{30.10})}{\sqrt{3}\ U_{1N}} = 22.7 (A)$$

因此,动作电流

$$I_{op.KA} = \frac{1.2 \times 1}{20 \times 0.85} \times 2 \times 22.7 = 3.2 (A)$$

选 DL-11/10 电流继电器,线圈并联,整定动作电流为 4 A。

②过电流保护动作时间的整定。

按终端保护考虑,动作时间整定为 0.5 s。

③过电流保护灵敏系数。

因无邻近单位变电所 10 kV 母线经联络线至本厂变电所低压母线的短路数据,无法检验灵敏系数,这里从略。

(2)装设电流速断保护。

亦利用电磁型速断装置。但因无临近单位变电所和联络线至本厂变电所高、低压母线的短路数据,无法整定计算和检验灵敏系数,也只有从略。

3. 方案汇总如表 8-5。

表 8-5　变压器和母线部分的继电保护方案

继电器名称	继电器型号	保护类别	电流互感器变比	动作电流值	动作时限
R-01-TX-301A/R-02-TX-301A	Schweitzer 787	瞬时速断保护	1 200/5	3.39	0.1
	Schweitzer 787	过电流保护	1 200/5	31	0.05
	Schweitzer 787	零序过电流保护	50/5	10	0.1
R-01-TX-401A	Schweitzer 751A	瞬时速断保护	200/5	16	0.1
	Schweitzer 751A	过电流保护	200/5	96	0.05
	Schweitzer 751A	零序过电流保护	50/5	10	0.1
R-01-SG-201A/R-01-SG-201A2	Schweitzer 751	过电流保护	2 000/5	16	0.3
R-01-MC-301A/R-02-MC-301A	Schweitzer 751	过电流保护	3 000/5	5.5	3

8.4.2　继电保护设计的仿真验证

1. 仿真设置过程

根据上述的整定计算结果和确定的电流互感器的变比,对母线和变压器的继电保护装置进行对应的参数设置。

(1)母线保护部分。

由于继电器 R-01-SG-201A 和继电器 R-01-SG-201A2 参数整定部分相同,其继电器的参数设置部分也相同,其设置页面如图 8-5 所示。

图 8-5 继电器 R-01-SG-201A 设置页面

根据表 8-5 的内容，母线部分的保护只有过电流保护，只需要勾选"Overcurrent"过电流保护选项并根据表内对应的动作电流值和动作时限填入"Pickup"和"Time Dial"的位置，如图 8-6 所示。

图 8-6 继电器 R-01-MC-301A 设置页面

（2）变压器保护部分。

变压器保护部分是瞬时电流速断保护和过电流保护，所以需要勾选"Overcurrent"和"Instantaneous"过电流和瞬时这两个部分，在两个部分中都需要填入其动作电流值和动作时限,如图 8-7 所示。

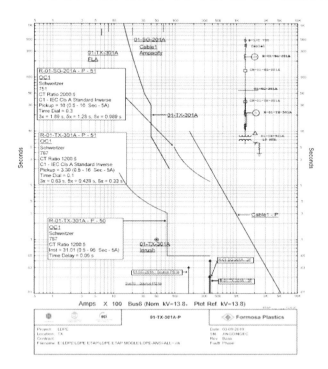

图 8-7 变压器 R-01-TX-301A 设置页面

2. 仿真结果分析

图 8-8 中的 TCC 曲线均为继电器动作曲线与线路和变压器的热损坏曲线的配合曲线。

图 8-8 母线 01-SG-201A 和变压器 01-TX-301A 保护的 TCC 曲线

图 8-8 中的横轴均为动作电流值,纵轴均为继电器的动作时限。四条曲线从左至右分别为继电器 R-01-TX-401A 的动作曲线、变压器 01-TX-301A 的满载电流曲线、继电器 R-01-SG-201A 的动作曲线和电缆 cable16 的热损坏曲线。过电流保护继电器 R-01-SG-201A 是保护母线 01-SG-201A 的,所以根据设计其 TCC 曲线应位于电缆的热损坏曲线的左下方,而过电流保护继电器 R-01-TX-201A 是保护变压器的,其 TCC 曲线要大于变压器满载电流曲线,所以要位于变压器的热损坏曲线的左下方并躲开变压器的满载电流,在变压器启动时出现励磁涌流也为正常现象,所以该继电器的曲线应位于变压器的热损坏曲线与励磁涌流点的中间位置。当母线 01-SG-201A、变压器 01-TX-301A 发生三相短路时,其对应继电器的 TCC 曲线会因继电器的断开而停止。

选中想要观察的元件,并点击生成 TCC 曲线视图按钮,生成对应保护元件及电力设备的保护曲线。

ETAP 提供了插入故障模拟保护动作的功能,可选取故障点插入对称的三相故障或者不对称故障。保护元件基于其保护定值设置判断保护是否动作,并在单线图上以闪烁光标的方式显示上下级保护动作先后顺序。以某一个支路为例展示,如图 8-9 所示。

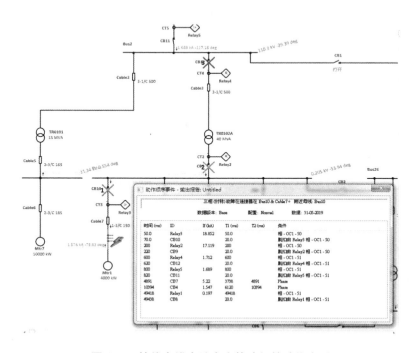

图 8-9 馈线电缆末端发生故障保护动作序列

8.5　综合能力需求

供配电设计是经典的工程设计之一,理论性和实践性都很强,需要深入了解电力系统的工程原理,并进行多学科的知识融合,例如,要学习电力系统自动装置、电力系统继电保护、供配电自动化等课程,才能最终完成设计和分析。同时在设计过程中还要考虑经济运行、电力系统自动化、能耗优化等因素的影响,负载的需求和供电质量之间的协调和妥协等问题。不同负荷、不同环境下,电气设备的选择有所不同,电力系统网络的匹配也有所不同,需要具体问题具体分析。

有效的考核方式和组织形式也是实践教学的重要保障。本课程设计的成绩评定方法包括过程性评价和结论性评价两部分,分为实验报告、实际操作和答辩验收三种形式。首先,在实验报告的评分标准中注重实验方案设计的创新性、完备性,结果分析的正确性、图形的清晰程度,当然,出现较大的设计错误将会影响最终成绩;然后,在实际操作能力方面注重考核操作的规范性、结果的正确性;最后,在答辩验收环节,重点考核问题表述的清晰程度、专业术语使用的规范性,同时增设组内互评制度用于评估工作态度和沟通合作能力。

借鉴工程认证的相关指标,将综合实验的培养能力进行分析,得出在毕业指标方面的能力分布,结合考核实现形式,简述如表 8-6 所示。

表 8-6　供配电设计综合能力指标

能力指标	具体内容	考核标准	考核形式
工程知识	负荷、潮流的概念、潮流分析计算方法、无功功率补偿、短路的类型及计算、继电保护基本类型等基本概念,工程画图	掌握专业概念和术语,具备检索、查阅手册规范等技术资料的能力;能将工程制图应用与电气系统设计相结合	说明书设计;施工图设计
设计/开发解决方案	变电所位置和型式的选择、变电所进出线的选择与校验	能在社会、安全、环境等现实因素的约束下对设计方案的可行性进行评价;能在设计/开发解决方案中体现出一定的创新意识	实验报告

表 8-6(续)

能力指标	具体内容	考核标准	考核形式
工程研究能力	变电所一次设备的选择与校验;短路电流的计算;负荷计算和无功功率补偿计算;变电所二次回路方案的选择及继电保护的整定	能正确设计实验步骤并操作实验装置,安全有效地开展电气工程实验,正确采集和整理实验数据;具备对实验数据和结果进行信息综合的能力,对其进行分析和合理的解释,并与理论分析进行比较,得出合理有效的结论	实践操作、实验报告
工程素养	设计报告格式规范,内容结构完整,按电子版批注要求修改报告内容,总结深刻,答辩表述完备	能就复杂电气工程问题作出口头的清晰表达,并撰写出格式规范的设计报告	现场答辩

参考文献

[1] 杨德先,陆继明.电力系统综合实验原理与指导[M].北京:机械工业出版社,2004.

[2] 徐琰.基于"解决工程问题能力"培养的高分子材料专业实验教学探索与实践[J].高分子通报,2019(06):77-80.

[3] 李志义.解析工程教育专业认证的成果导向理念[J].中国高等教育,2014(17):7-10.

[4] 中国工程教育专业认证协会.工程教育认证一点通[M].北京:教育科学出版社,2015.

[5] 梅林,杨丽君,孙玲玲,等.基于OBE模式的电力系统综合实验教学改革[J].实验技术与管理,2018,35(01):218-220,237.

[6] 邹建新,徐慧,孙常清.基于工程能力培养的实验教学体系构建[J].实验室研究与探索,2010,29(12):108-110.

[7] 王武,王红玲,李明.电气专业实践教学改革与工程能力提升探讨[J].实验科学与技术,2015,13(06):77-79.

[8] 孙晶,毛伟伟,李冲.工程科技人才核心能力的解构与培育:基于布鲁姆教育目标分类视角[J].高等工程教育研究,2019(05):97-102,114.

[9] 余强,夏双.电力系统课程体系教研一体化教学模型探讨[J].教育教学论坛,2017(50):146-147.

[10] 王莉丽,艾欣,宋金鹏.国家级电气工程专业实验教学示范中心建设与实践[J].实验技术与管理,2014,31(12):124-127.

[11] 刘燕,秦维勇,孙亚平,等.基于工程化与创新性的继电保护实验室建设[J].实验室研究与探索,2015,34(09):247-251.

[12] 邹建新,周洪,孙常清.基于工程能力培养的实验教学体系构建[J].实验室研究与探索.2010,29(12):108-110.

[13] 倪晶,魏东辉,王立舒,等.面向工程教育专业认证的电力系统综合实验教学改革

电力系统实验指导及工程能力培养

　　　　　［J］.教育现代化,2019,6(22):19-20,23.

［14］　王章豹,张宝.培养新工科人才解决复杂工程问题能力的探讨［J］.高教发展与评估,2019,35(06):74-85,111.

［15］　陈国定,杨东勇,陈朋.强化工程实践与创新能力培养的微机类课程实验教学［J］.实验室研究与探索,2017,36(04):171-173.

［16］　曹靖,周京华,关丛荣,等.面向工程教育认证的"电力系统继电保护"实践教学改革.教育教学论坛,2020(34):189-191.

［17］　张晓花,马正华,朱昌平,等.从实践教学谈"电力系统自动化"课程的改革［J］.实验室研究与探索,2012,31(07):355-357,360.

［18］　张晓花,朱陈松,朱昌平,等.电力系统分析课程的实践创新培养模式探索［J］.实验室研究与探索,2013,32(01):118-121.

［19］　刘介才.工厂供电(第5版)［M］.北京:机械工业出版社,2010.

［20］　朱慧.电力系统 ETAP 软件仿真技术与实践［M］.西安:西安电子科技大学出版社,2015.

附录 I　EAL-II 型电力系统综合自动化实验平台性能说明

一、技术的先进性

实验装置利用意法半导体(简称 ST)公司的高性能 STM32(STM32F103VET6)作为控制核心芯片,并采用 UCGUI 图形支持系统的触摸屏技术完成准同期系统、调速系统和励磁系统的控制功能。每个分系统采用两块处理器,一块为主控制处理器,其按照输入指令和输入量实现功能,另一块通过触摸屏实现功能和输入量的控制。

在实验装置中配有微机保护系统进行线路保护,并且每个分系统都设有以太网接口,通过 Modbus 协议同上位机通信,上位机采用力控软件进行控制,可以单独控制每个分系统,也可以控制整个实验装置,还可以实现多个装置组网的控制,并可以进行潮流分析等实验。

二、实验手段的设计性

实训装置以芯片作为控制器,实验时可以用 UCGUI 图形支持系统自带的触摸屏进行操作,也可以通过以太网在电脑上控制。屏幕界面可模拟电力系统实际使用的控制器界面,学生在屏幕前操作类似于操作现场设备,从而使得实验设备和工业现场实际使用的设备实现了无缝连接,使得学生毕业后能够在很短的时间内熟练地操作现场设备,同时学生在实验过程中可以在触摸屏上修改系统的 PID 参数,进行各种实验控制和实验原理的摸索,还可以参照样例进行整个系统的设计实训,满足学生进行课程设计、毕业设计等需求。

三、界面的友好性

装置采用跟现代工业控制接轨的触摸屏技术,每个分系统均采用了 UCGUI 系统的触摸屏,实现全数字化显示和控制。其显示界面清晰,控制简单,操作方便,教师和学生更容易掌握操作方法。

上位机应用控制软件采用北京力控电力版工业监控软件,其界面设计人性化,美观、生动、形象,和工业现场类似。操作时所设置的界面即时弹出,可在该界面进行参数的设置和功能的切换,同时,系统对每次操作都有操作事件记录。

四、结构的合理性

整个结构采用人性化设计,为了便于学生理解,根据功能将整个结构设计成五个部分:输电线路及监视保护屏(含无穷大电源)、同步电机机组、自动装置控制柜、负载柜以及控制系统、计算机。

五、测量数据(波形)的多样性

实验装置采集了多路电信号数据,在上位机中可对各个测试点的电压、电流读数进行保存并显示。还可观测到发电机端电压、发电机母线电压等电压波形。

六、输电线路的典型性

采用双回路远距离输电线路模型,每回线路分成四段并设置中间开关站,使发电机与系统之间构成不同联络阻抗(单回路、双回路、环形回路),便于实验分析比较。

七、可扩充性

设备有局域网通信功能,两台或两台以上设备可以构建一个简单的局域网,在设备数量扩充增加后,还可通过网络平台进行联机和异地控制。

设备还可与变电站自动化装置、线路保护实验台、线路保护及变压器保护实验台、工厂供电实验台等同时通过网络连在一起,组成一个局部的模拟电网,可满足电网调度、潮流分析监控等课程的实验需要。

八、实验真实性

由于采用了视在功率为 2.5 kV·A 的大功率发电机,使实验所测的数据和特性,更符合工业现场的实际数据和特性。

九、安全可靠性

跟工业控制接轨,用先进的触摸屏技术替代了传统的机械按键,降低发生故障的概率,方便日常维护和故障维修。

装置设有电流型漏电保护,设备的安全性有了保障,实验装置还具有跳闸保护,便于处理紧急事故。

十、工作条件

1.输入电源:三相 380 V(1±5%),50Hz。

2.工作环境:温度-10 ℃ ~ +40 ℃,相对湿度≤85%,海拔≤4 000 m。

3.装置容量:<15 kV·A。

4.外形尺寸:

控制屏:140 cm × 75 cm × 140 cm;

控制柜:60 cm × 60 cm × 160 cm;

同步电机机组:110 cm × 30 cm × 50 cm。

附录 II　EPS 监控实验平台说明

一、概述

EPS-I 型多机电力系统监控实验平台是根据全国高等院校"电能系统基础""电力系统分析""电力系统自动装置原理""电力工程""电网监控及调度自动化"等课程实验教学要求,结合生产实践的实际应用而设计开发的新型实验装置。本实验装置适用于电力、电气工程类各专业相关课程的教学实验,不仅能满足教师教学要求,还能成为学生认识实习、生产实习的实验平台,也可作为学生毕业设计和教师科研的软硬件开发平台。

EPS-I 型多机电力系统监控实验平台是一个高度自动化的、开放多机电力网综合实验系统,它建立在 EAL-I 型电力系统综合自动化实训平台的基础之上,将多个平台连接成一个大的电力系统,并配置微机监控系统实现电力系统"四遥"功能。它能够反映现代电能的生产、传输、分配和使用的全过程,充分体现现代电力系统高度自动化、信息化、数字化的特点,实现电力系统的检测、控制、监视、保护、调度的自动化。这个适应新实验课程体系的开放式公共实验平台,有利于提高学生的创新思维与实践能力,更好地培养出高素质的复合型人才。

电力系统微机监控实验平台由计算机、实验操作台、无穷大系统三大部分组成,如图-1 所示。多机电力网综合实验系统的研制,更新并加强了专业实验内容,改进了实验方法与手段,创建了一套能进行专业课程教学和综合研究的实验装置,建立了一个开放式、研究性、综合性的专业实验现代教学体系,提高了专业实验的教学质量和水平,更有利于培养学生综合分析问题和解决问题的能力。

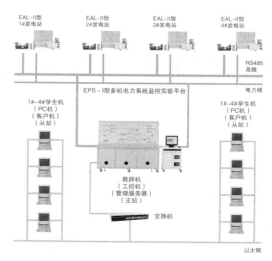

图-1 电力系统微机监控实验平台

二、产品的主要技术特点

1. 结构的合理性

整个结构设计既符合人的视觉习惯，又较好地模拟了工业现场，布局清晰、美观，实验时接线方便，同时还减少了教师实验的工作量，符合教科书的要求。

2. 技术的先进性

整个平台各种控制器及每条输电线路和负荷都配有数据采集装置，并且可以通过现场总线与计算机通信，可支持 15 台客服机（从站）访问管理服务器（主站）。计算机可以对观察点的电压、电流等信号进行数据采集、控制。计算机软件可以实时显示电力系统的运行状况，以及各开关的动作情况。此外，实验过程中的各种波形具有数据存储功能，整个系统采用环形网络结构，可以改变电力网潮流的分布，具有能改变网络结构和系统联络阻抗等功能。

3. 资源的共享性

用户可以共享监控权，具体体现在以下几个方面：可以同步显示各发电厂的运行状态，同步显示各开关站的电量参数，多机监视各断路器的位置，保护动作出口状态，存储和打印电力网络的电量参数，同步监视电力网络的潮流分布，进行复杂电力系统的潮流计算，保存历史数据、绘制历史曲线，还具有遥控、遥测、遥信、遥调"四遥"功能。

三、工作条件

1. 输入电源：三相 380 V（1±5%），50 Hz。

2. 工作环境：温度-10 ℃ ~ +40 ℃，相对湿度≤85%，海拔≤4 000 m。

3. 装置容量：<3 kV·A。

4. 外形尺寸：187 cm × 75 cm × 160 cm。

四、设备的技术指标

1. 人身安全保护和设备安全保护功能

（1）设有电流型漏电保护器和安全实验导线双重人身保护功能。

（2）仪表带有过量程保护功能，交直流电源具有短路保护。

（3）控制屏电源由接触器通过启、停按钮进行控制。

2. 三相交流电源

提供的三相交流电源为 0 ~ 220 V 连续可调输出，额定电流为 10 A，输出功率大于 20 kV·A。

3. 一次系统构成

开放式多机电力网综合实验系统由 $N(3 \leqslant N \leqslant 7)$ 台相当于实际电力系统中发电厂的 EAL-II 型电力系统自动化实训平台、1 台相当于实际电力系统调度通信局的 EPS-I 型多机电力系统监控实验平台、6 条不同长短的输电线路和 3 组可改变功率大小的负荷等组成。整个一次系统构成一个可变的多机环形电力网络，便于进行理论计算和实验分析。

（1）自动化实训平台。

EAL-II 型电力系统自动化实验装置是一个自动化程度很高的多功能实验平台，它由发电机组、双回路输电线路、无穷大电源等一次设备组成，通过中间开关站和单回线路、双回线路的组合，使发电机与无穷大系统之间构成不同联络阻抗，并可根据需要在图形界面下进行回路切换，便于实验分析比较。

（2）电力网的构成及说明。

EPS-I 型多机电力系统监控实验平台最多可将 7 台 EAL-II 型电力系统自动化实验装置的发电机组及其控制设备作为各个电源单元组成一个环网。

G1、G2、G3、G4、G5……分别模拟 7 个发电厂，从 7 台发电机的母线引电缆分别连接到电力网母线 WB1、WB2、WB3、WB4、WB5……上，模拟无穷大电源 S 则由市电 380 V 经 20 kV·A 自耦调压器接至母线 WB8 上，三组感性负荷分别连至 WB5、WB6 母线上。而 WB4 经联络变压器与线路中间站 WB7 母线相连，整个一次系统构成一个可变结构的电力系统网。

此电力系统主网按 500 kV 电压等级来模拟，WB4 母线为 220 kV 电压等级，每台发电机按 600 MW 机组来模拟，无穷大电源短路容量为 6 000 MV·A。

1#站、2#站相连通过双回 400 km 长距离线路将功率送入无穷大系统,也可以将母联断开分别输送功率。在距离 100 km 的中间站的母线 WB7 经联络变压器与 220 V 母线 WB4 相连,4#站在轻负荷时向系统输送功率,而当重负荷时则从系统吸收功率(当两组大小不同的 1#站、2#站负荷投入时)从而改变潮流方向。

3#站,一方面经 70 km 短距离线路与 2#站相连,另一方面通过母联与 5#站相连,并且设有地方负荷。5#站经 200 km 中距离线路与无穷大母线 WB8 相连。

此电力网是具有多个接点的环形电力网,通过投、切线路,能灵活地改变接线方式,如切除 XL3 线路,电力网则变成了一个辐射形网络;如切除 XL6 线路,则 3#站要经过长距离线路向系统输送功率;如 XL3、XL6 线路都断开,则电力网变成了 T 形网络等。

在不改变网络主结构的前提下,可以通过分别改变发电机的有功功率和无功功率来改变潮流的分布,如通过投、切负荷改变电力网潮流的分布,也可以将双回路线输送改为单回路线输送来改变电力潮流的分布,还可以调整无穷大母线电压来改变电力网潮流的分布。

在不同的网路结构前提下,针对 XL2 线路的三相故障,可进行故障分析实验,此时其两端的线路开关 QF3、QF6 调开。

4. 实验操作台和无穷大系统

实验操作台是由输电线路单元、联络变压器和负荷单元、仪表测量单元、过流警告单元以及短路故障模拟单元组成的。无穷大系统由 20 kV·A 的自耦调压器构成,通过调整自耦调压器电压可以改变无穷大母线电压。

(1)电源开关的操作。

实验操作台的操作面板上有模拟接线图、操作按钮以及指示灯和多功能电量表。操作按钮与模拟接线图中被操作的对象结合在一起,并用灯光颜色表示其工作状态,具有直观的效果。红色灯亮表示开关在合闸位置,绿色灯亮表示开关在分闸位置。

(2)无穷大系统的操作。

所谓无穷大电源是指可以看作是内阻抗为零,频率、电压以及相位都恒定不变的一台同步发电机。在本实验系统中是将交流 380 V 市电经 20 kV·A 自耦调压器,通过监控台输电线路与实验用的同步发电机构成"单机-无穷大"或"多机(本台最多可接 5 机)-无穷大"电力系统。

5. 微机监控系统

(1)监控系统的说明。

微机监控实验台对电力网的 6 条输电线路,1 台联络变压器、3 组负荷全部采用了微机型的多功能仪表。可以直观地显示各支路的所有电器量,并能与上位机通信,且具有超限告警功能。

上位机和现地控制单元(LCU)之间采用 TCP/IP 局域网通信网络结构,并且通过 RS-485 通信网络与各开关站的智能仪表、控制执行单元(PLC)相连,可通过局域网与远方调度通信。

各电站的 LCU 采用具有监控功能的微机励磁系统对机组完成现地监控,各开关站的电量监测采用具有数据处理功能的智能仪表对线路、负荷完成现地监测,并通过高可靠性的 PLC 对开关进行监控和负荷调节,且具有过载报警功能。

(2)监控软件简介。

监控软件中可以显示 6 条线路、3 组负荷、1 组联络变压器和 4 台发电机的状态及电压、电流等基本电量;可以对各组开关进行跳、合闸控制;可以进行发电机的增、减速控制及其励磁等控制;还可以保存各种实验数据、打印数据表格和潮流分布图等。

附录 III 规范化实验报告模板

"供用电系统"课程实验报告

班级：

学号：

姓名：

指导教师：

组员：　　　　　　　　　　　　日期：

供配电系统谐波分析仿真实验

一、实验目的

1. 掌握电力系统谐波参数的输入方法。

2. 掌握 ETAP 谐波计算分析的方法。

3. 掌握增加滤波装置对谐波治理的方法。

二、课前准备

仔细阅读《实验指导书》,完成下列实验内容。报告提交为 PDF 格式。

三、实验内容【每图 10 分,共 50 分】

1. 给静态负荷添加谐波电流源

图 1:按照实验报告要求给静态负荷添加谐波电流源后,潮流分析的单
　　　线图。

【10 分,截图不清晰扣 5 分,注意调整贴图后的报告格式】

2. 谐波治理前的谐波分析

图 2:母线电压畸变波形

【10 分,截图不清晰扣 5 分,注意调整贴图后的报告格式】

"供用电系统"课程实验报告

图3:母线电压谐波频谱

【10分,截图不清晰扣5分,注意调整贴图后的报告格式】

3. 滤波器设计

图4:滤波器参数设计界面截图

【10分,截图不清晰扣5分,注意调整贴图后的报告格式】

4. 投入滤波器后的谐波分析

图5:投入滤波器后母线电压谐波频谱

【10分,截图不清晰扣5分,注意调整贴图后的报告格式】

"供用电系统"课程实验报告

四、分析与思考【每题 10 分,共 20 分】

1. 什么是 THD? 为什么要进行谐波治理?

2. 本次实验完成了几次谐波的治理? 如何治理的?

五、实验过程中遇到的问题和解决方法【5 分,答案雷同者扣除本项得分】

1. 遇到的问题

(1)

(2)

2. 解决方法

(1)

(2)

六、实验收获与体会【5 分,答案雷同者扣除本项得分】

1.

2.

"供用电系统"课程实验报告

七、成绩评定【此项由实验指导教师填写,作为分数评定的依据】

序号	评定项目	评定情况(扣分项目)	教师评定
1	基础内容 (50分)	截图不清晰	
2		实验报告贴图不能反映实验结果	
3		拓展部分雷同	
4		实验未完成或没有独立完成	
5		其他情况:	
1	测试部分 (30分)	实验小结雷同	
2		思考题不正确	
3		其他情况:	
1	格式(10分)	实验报告格式不符合规范	
1	完成时间(10分)	报告超时提交	
教师 总评	(1)该生(基本完成、未完成)实验任务; (2)实验过程中(充分、较好、没有)预习; (3)软件操作(熟练、良好、中等、不合格); (4)实验报告质量(优、良、中、差),具体评定情况见评定表格; 因此,评定成绩为_____。		